U0466493

宇宙起源

李杰信 / 著

The Origin
of the Universe

科学普及出版社
·北京·

图书在版编目（CIP）数据

宇宙起源 / 李杰信著 . —北京：科学普及出版社，2015.5（2022.8 重印）
ISBN 978-7-110-08910-1

Ⅰ.①宇… Ⅱ.①李… Ⅲ.①宇宙—起源—普及读物 Ⅳ.① P159.3-49

中国版本图书馆 CIP 数据核字 (2015) 第 015815 号

著作权合同登记号：01-2014-8035

责任编辑	单　亭　崔家岭
装帧设计	中文天地
责任校对	王勤杰
责任印制	马宇晨

出版发行	科学普及出版社
地　　址	北京市海淀区中关村南大街16号
邮　　编	100081
发行电话	010-62173865
传　　真	010-62179148
网　　址	http://www.cspbooks.com.cn
开　　本	787mm×1092mm　1/16
字　　数	180千字
印　　数	10001–15000册
印　　张	12
版　　次	2015年5月第1版
印　　次	2022年8月第3次印刷
印　　刷	北京瑞禾彩色印刷有限公司
书　　号	ISBN 978-7-110-08910-1 / P·161
定　　价	69.00元

（凡购买本社图书，如有缺页、倒页、脱页者，本社发行部负责调换）

目录
CONTENTS

i　　　推荐序——人类探索宇宙起源奥秘的交响乐章
　　　　　　　　　　　　　　　　顾逸东
v　　　自　序　　　　　　　　　李杰信
ix　　 导　读

001　　第 一 章　静止的宇宙
009　　第 二 章　宇宙膨胀了
021　　第 三 章　宇宙有多大？
027　　第 四 章　超均匀
033　　第 五 章　宇宙电磁微波
049　　第 六 章　黑体辐射
069　　第 七 章　不均匀
103　　第 八 章　平　直
127　　第 九 章　黑暗的宇宙
143　　第 十 章　暴　胀
157　　第十一章　何去何从
163　　后　记——神话国

167　　中文索引
173　　英文索引

推荐序
——人类探索宇宙起源奥秘的交响乐章

  人类自古就对斗转星移、莽莽苍穹充满敬畏和遐想，关于创世和人类起源的神话与传说不绝于人类古文明史。"天地四方谓之宇，古往今来谓之宙"，是中国古代哲人对宇宙朴素而智慧的认知，使汉语中"宇宙"这个词汇置空间时间于一体，喻空间和时间为无限，形象而精妙。中国古代《道德经》的"一生二，二生三，三生万物"之说，或许为破除形而上概念，接受能量和质量转换，从能量产生基本粒子到形成宇宙、星系和行星、生物和人类的宇宙进化观念提前做了舆论准备。

  在漫长的岁月里，人类从未停止过对宇宙奥秘的探索，甚至为科学真理而献身。16世纪，波兰科学家哥白尼提出"日心说"，意大利科学家布鲁诺提出太阳仅是太阳系中心而非宇宙中心，都是科学思想的重大进步，因触犯或颠覆了神学观念被迫害甚至处死。当然在那个时代，要科学地解答宇宙起源问题还不具备充分的条件。

  只是到了现代，在人类建立了以相对论、量子论为基础的近代物理学大厦，形成了宏观和微观统一、量子和连续性统一的科学自然观以及发展了包括空间观测在内的空前精密观测能力之后，经过艰苦的理论探索和大量的实测研究，理论和观测相互激荡，互为支撑，宇宙学才在最近二三十年中逐渐成为一门得到观测事实有力支持的精密科学。宇宙起源演化科学理论的主流是大爆炸宇宙学和爆炸后发生在极短瞬间的暴胀理论。宇宙大爆炸学说之奇特,在开始时超乎一般人常识,令人不可思议,好在现代神学已失去了对科学的禁锢,科学自有其强大的逻辑力量,使宇宙起源的科学得以发展,使人类对宇宙起源演化的认识发生了革命性的变化。

李杰信先生的力作《宇宙起源》是关于当代宇宙学及其最新进展的科普著作,这是现代基础科学中带有根本性、最新但又最深奥难懂的一门学问。即使在科学界,研究和完全懂得宇宙学的科学家是极少数人。因此我相信,能够并敢于用通俗道理阐释这门艰涩学问的人凤毛麟角,这不仅需要科学专业的深厚功底,还需要融会贯通的深入理解、丰富多彩的形象思维和贴近生活的精彩表述。杰信先生做到了,这是最让我钦佩的。

我是杰信先生这本书先期"科普"的读者之一,愿与其他读者分享我的心得。我本人虽从事与空间科学相关的工作,但没有专门学习和研究过宇宙论。记得20世纪80年代,我的一位勤于阅读思考,已经从政的老友知道我在中科院高能所宇宙射线研究室工作,向我了解宇宙大爆炸问题,我的回答肯定无法使他满意。后来听过一些宇宙学方面的报告,了解一些梗概,但实际上还是似是而非。

今年5月,杰信先生来我供职的中科院空间应用中心做了一场精彩的宇宙起源科普报告。会后与杰信先生交谈,他拿出刚出版不久的《宇宙起源》繁体中文版送给我,我稍有时间后开始阅读,一开卷就被深深地吸引住了。一天多的时间,我沉浸在专注、思索和兴奋之中。

这本书把人类对宇宙起源的历史认知及缺失、相关理论发展演进的内容背景、重大科学发现的来龙去脉、宇宙演化重要阶段的物理原理、宇宙起源关键问题的科学解释,一部分一部分地展开,用生动形象的比喻,请你入门,用鞭辟入里的分析,让你理解,再汇集起来,使你能够对宇宙起源有整体性的了解。这本书回答了许多使我疑惑的问题，使我在过去零散模糊知识的基础上，开始形成一幅较完整的宇宙起源演化物理图像。我阅读后给杰信先生发邮件说："我极为喜爱你的大作，我得到的是惊喜，感受到你思考的深度和广度，被其中许多激动人心的描述感染，这是我看到过的最好的高水平科普著作。"有读者担心，他没有相对论和粒子物理学的基本知识，能不能对宇宙起源也有些了解，我可以说：能！杰信先生在书中对物理、天文的许多基础性知识也不吝笔墨，做了深入浅出、通俗易懂的介绍，只要你有兴趣，你就可以从书中收获你所期望的。

这本书还有一个十分突出的特点，就是让你对科学探索重大事件有一种身临其境的感觉。杰信先生长期在美国国家航空航天局（National Aeronautics and Space Administration, NASA）任职，亲身经历或就近了解发生在他身边的一幕幕历史画卷，在他妙笔之下成为生动有趣的故事：最早用地面无线电天线发现宇宙背景辐射之偶然中的必然；20 世纪 80 年代 NASA 宇宙背景测量卫星 COBE 的蹉跎命运和轰动成就；此前和之后在同一领域开展的 U-2 飞机和南极科学气球飞行实验及其鲜为人知的功绩；还有宇宙暴胀理论的创造者古斯（Alan Guth）深夜两点的"伟大发现"灵感等。你可以和他一起感受到探索的艰辛，成功的秘籍，发人深省的思考，更感觉科学探索的过程充满跌宕起伏、波澜壮阔，就像一首绚丽的交响乐章。

这本书也会让你悟出这样的道理：科学进步，既有理论思维的巨大力量，也必须建立在科学实验观测数据的基础之上；有时理论为实验观测指引方向，有时新的观测事实推动理论发展，理论最终需要得到观测事实的支持，这就是现代科学之道。

宇宙起源奥秘的探索远没有完结。随着宇宙起源科学研究的进展，新的问题又摆在眼前，宇宙中还有 95% 是我们不了解的暗物质、暗能

宇宙起源

量，既挑战了现代物理学底线，又可能反过来对现有宇宙起源学说提出问题。由此可见，人类对于科学真理的探索和认识永无止境，已经获得的认知只是后来进步和深化研究的基础，不是绝对真理，也没有绝对真理。宇宙起源的学说必将有进一步的发展。

我与杰信先生的认识，源于 20 世纪 90 年代中国开展载人航天工程之初。杰信先生当时是 NASA 科学办公室的主管，他热心联络利用航天飞机 GAS 容器（Gat away special）开展中美合作。1996 年，我作为载人航天工程应用系统总设计师访问美国 NASA 时，第一次见到杰信先生，他给我的印象是热心、睿智而又有条理。2005 年神舟六号飞船发射成功后，中央电视台做专访节目，我作为嘉宾，在直播中主持人连线了杰信先生，这样我们在一个特殊场合，隔大洋互致问候。惭愧的是过去我对杰信先生的专业造诣和涉猎领域了解甚少。《宇宙起源》这本书以及《天外天——人类和黑暗宇宙的故事》《我们是火星人？》《生命的起始点》《追寻蓝色星球》《别让地球再挨撞》等一系列著作直指最基本的科学之谜，使他成为具备链接科学前沿和大众知识的不凡功力，又是著作颇丰的著名科普作家。

在这里我要祝贺杰信先生，祝贺《宇宙起源》简体中文版的出版发行，推荐具备高中以上知识基础且有兴趣的读者、科学工作者和科技管理者阅读这本书，它对你肯定有所裨益。

中国科学院院士
2014 年 12 月

自　序

　　起源类的知识，我最喜爱。

　　1999 年，写完《追寻蓝色星球》，地球生命的起源，引起了我强烈的好奇。火星个头小、散热快，极可能比地球抢先达到生命起源条件；生命在火星成形后，乘坐频繁出发的陨石列车，抵达地球，播种生命，这是目前无法排除的可能模式。《我们是火星人？》写出我的看法：地球生命的起源，可能和火星有密切关联。再往深层追究下去，火星肯定也不是宇宙生命的发源地。《生命的起始点》一书，将宝押在生命可能起源于一条单股的核糖核酸 RNA 分子上。只要条件凑齐了，RNA 分子在宇宙中任何时间、任何地点都可能发生。如果发生的地点在地球，那可能是 42 亿年前的事。

　　生命起源的来龙去脉当然无比重要，但它只是宇宙在万事俱备、只欠东风情况下的一个锦上添花的现象。想想看，不管是 RNA 也好，DNA 也罢，它的分子中肯定要有质子、中子（甚或夸克）和电子等基本材料。问完了生命化学分子怎么来的这个问题后，我们还得追问下去，宇宙中这些基本建材质子、中子和电子等是怎么来的呢？

　　追寻质子、中子和电子等物质的起源，在概念上，就是追寻宇宙的起源。

　　其实我们仰望星空，看到的都是物质的宇宙。几千年来，人类看着这本深邃的天书，天问不息，辛勤探究。

宇宙起源

但人类恒久看到的却是一个静止的宇宙。天穹中点点繁星，都似乎坚固不动，人类只好接受宇宙是永恒存在的，它就是已经连续在那儿，如今如往昔，不需出生地，更不需出生日（no where, no when）。

20世纪初期，人类终于看到了，宇宙竟然是膨胀的。膨胀的宇宙往回看，它的体积应是一路缩回去。缩到最后，体积就小到不能再小，那一天就该是宇宙的生日、宇宙的起始点。

膨胀的宇宙，石破天惊，给人类带来了对宇宙起源的追寻。

宇宙虽然浩瀚无边，但内涵并不复杂，远比一个小萤火虫简单得多。所以，追寻宇宙起源，以人类目前所掌握的物理知识，还能挺一阵子。

从物质来追寻宇宙的起源，是正面仰攻，本是最自然不过的线索，就像用人类骨骼化石去追寻人类起源一样直接。阿尔佛（Ralph Alpher，1921—2007）1948年的论文就是从这个思维出发，去追寻周期表上化学元素的起源的。1977年，温伯格（Steven Weinberg，1933— ）写出了脍炙人口的《最初三分钟》（*The First Three Minutes*），为宇宙物质起源定下了精确的时间表。

但人类很难预料得到，在这条路上追到底，竟然只找到了宇宙的5%，其他95%仍旧深藏在重重的黑幕之后，不在我们能看得到的线索之内。

这是一个令人类震撼的迷惑。

看来沿物质线索追寻宇宙起源的这条路走起来并不顺畅。1965年，宇宙电磁微波首次在人类文明的舞台上出现。不错，这个电磁微波记录的是宇宙在大爆炸后37.6万年时的天空影像，在时间上，的确比温伯格的最初三分钟要晚了许多。但电磁微波出身于宇宙原始等离子体火球，是大爆炸宇宙从第一时间就配备的记录仪器，如影随形，同步实况录下了宇宙大爆炸中每个动作，可追溯宇宙起源时间到 1000 亿亿亿亿分之一秒，即 10^{-35} 秒。

宇宙电磁微波中含有宇宙的超均匀、不均匀、平直和更多的讯息。尤其是微波的不均匀和平直特性，竟然呼唤出了宇宙暗能量部分和宇宙组成物质的成分比例。

所以，追寻宇宙起源，如果只以我们能看到的一般物质为主要线索，所得到的讯息只能在宇宙 5% 的成分中打转，和以宇宙电磁微波为线索比较，讯息量的落差有如天上地下。

知道宇宙中含有 27% 的暗物质（dark matter）和 68% 的暗能量（dark energy）后，人类不但没变得比以前聪明，反而更加迷惑了。

但至少现代人类已经能够肯定，我们能看得到的仅仅是宇宙的 5%，这是 20 世纪人类一项伟大的成就。

宇宙在 138 亿年前的那个生日，太难理解。138 亿年的宇宙太年轻，在那之前，宇宙藏到哪里去了？

"生也有涯，知也无涯"，庄子两千多年前的名言，至今仍然好用。老子更上一层楼，点出"绝学无忧"。两位先圣可能怕人类对知识追求到走火入魔，良莠不齐，小则造成自身精劳神疲，大则导致祸国殃民。

近些年来，一些在灵修上有突破的朋友，对知识的追求，已适可而止。他们指出，在灵修的道路上，爱因斯坦和弗洛伊德，只得 499 分。相比起来，甘地和特蕾莎修女，700 分。耶稣和佛祖，1000 分。

分数多少，是估计个体对其他生灵影响的能量。每增加 1 分，能量增加十倍。芸芸众生，一辈子能增加 5 分，已不枉过客匆匆的一生。

从灵修的角度来看，伟大的科学家们被挡在 500 分以下，对人类影响能量望尘莫及于特蕾莎修女，是因为他们对逻辑推理能力的"自恋的虚荣"（vanity of self-admiration）。

我相信灵修的程度，只达到人是有灵性的地步，但自己认为灵性是随着肉身生，跟着肉身亡，没有前生来世，更无轮回。

不知道会不会有那么一天，我也选择了关上知识的大门，开始追求灵性上的进修。但在现在这一刻，我清楚地知道，我和知识的尘缘未了，仍然与它魂魄相依。

李杰信

导　读

　　五百年前，人类还为地球是不是宇宙的中心争论不休。通过对火星轨道的观测，尤其开始使用犀利的望远镜后，太阳是我们宇宙中心的事实，终于尘埃落定。望远镜也像魔镜一样，打开人类的视野，直直伸向几近无穷的苍穹。

　　人类看到的满天繁星，都是静止不动的，但万有引力却是无远弗届，本应造成天体互动连连，甚或互撞崩盘。而天庭，看起来则是万古静止坚固，纹丝不动，真是令人费解。即使相对论下的宇宙，本质上是运动不息，但在静止宇宙的紧箍咒下，仍得使用数学手段，把运动下的天体紧紧按住，以期达到在表面上看来，还是静止宇宙的假象。

　　1929年，人类发现宇宙竟然是膨胀的。膨胀的宇宙，解决了静止宇宙的迷惑。宇宙在膨胀，就不会马上崩盘，令人类安心了。但是，膨胀宇宙牵引出来的，却是一个更大的迷惑。

　　膨胀的宇宙，朝昨天的方向往回看，宇宙的体积应是愈来愈小，终有一天回至小到不能再小的地步，那天就该是宇宙的生日，宇宙起源的时刻。

　　先不谈有生日的宇宙有多难理解，尤其是宇宙生日的前一天，宇宙躲到哪里的大问题。

　　就先想象目前这么一个大块头的宇宙，被压缩到体积小到不能再小的地步，它所处的温度环境，应是在一个极高能量的状态。在这样一个难以想象的高能环境，宇宙在生日那天，应会来个大霹雳或一般称为的大爆炸。

　　高能物理学家推论，宇宙大爆炸的过程中，宇宙中的物质，应遵从物理定律，依序出现。更重要的，宇宙大爆炸一定会留下一些电磁波的蛛丝马迹。人类在1965年，终于听到了宇宙大爆炸后残留下来的微弱的宇宙婴啼。婴啼在微波频道范围，以漫山遍野架势，覆盖了我们930亿光年大小的宇宙。

　　通过更多的仔细观测，发现这个宇宙电磁微波，以强度变化比万分之一还小的超均匀分布，遍布于我们宇宙的每个角落。这个超均匀分布，给人类带来深沉的困惑。

　　以现在宇宙年龄约一百多亿年估计，在目前930亿光年大小的宇宙，这些电磁微波已无可能在过去接触沟通过。过去没有接触沟通，就不可能有今天的超均匀，这是人类熟悉的因果逻辑关系。

　　暂时把困惑放在一旁，且说依理推论。这个超均匀分布的宇宙电磁微波，肯定携带着宇宙起源时的一份绝密文件。从表面现象来看，这个超均匀分布的电磁微波像是黑体辐射。人类对黑体辐射知之甚详。如果宇宙电磁微波果真是黑体辐射，那人类至少可以开始和这个既陌生又似曾相识的超均匀宇宙微波打交道。

　　科学家经由卫星观测，确定了宇宙电磁微波是由黑体辐射而来。这一信息向人类提供了一幅珍贵的寻宝图。黑体辐射的电磁微波数据肯定了宇宙出身于一个原始等离子体球的解说。物理学家对等离子体物理也知之甚详，原始等离子体球的丰富物理内涵，也应在超均匀的宇宙微波中留下雪泥鸿爪。这些物理内涵，能向人类提供更多的宇宙起源讯息，如超均匀中的不均匀部分，还有宇宙平直的几何特性等。这些在宇宙起源时就留下的胎记，甚至还可能存在于凝聚以后的宇宙之中。

　　当然，从人类在宇宙中已经安全地、快乐地生存着的事实出发，人类也几乎可以向宇宙直接索取电磁微波要有不均匀和平直的特质。

与电磁微波超均匀分布一样，不均匀和平直的特性，也该是宇宙在起源时的大动作下，留下的无法淹没的现场证据。宇宙本身的确也想以超均匀的假相，企图湮没这两份证据，但人类锲而不舍地追寻，终于将它们挖掘出来。

为了理解这些宇宙电磁微波的超均匀、不均匀和平直的诡异现象，人类发明了理论，深深探入宇宙起源后的1000亿亿亿亿分之一秒（10^{-35}秒）内，几近目前物理的极限，才能获得这些新观测资料的合理解释。

解释好像是相当合理了，但又衍生出来了另一个更大的困惑：宇宙需要一般物质、暗物质和暗能量，各尽所能、同心协力，为平直的宇宙打拼。打拼不是坏事，但宇宙这个扑克老千，又发出了暗物质和暗能量两张盖住的黑色王牌，把人类又带进了另一个更深的迷宫。

换句话说，以熟悉的物理定律，人类只能解释5%的物质宇宙，其他27%的暗物质和68%的暗能量，不在人类所知的物理范围之内。所以，目前的情况是，人类发掘出愈多的宇宙知识，对宇宙懂得的愈少。

本书以"静止的宇宙"为切入点，利用"宇宙膨胀了"一章，先将现代人类对宇宙起源的追寻，从头到尾简略地叙述一遍。从"宇宙有多大？"章起，开始细述宇宙起源的故事。人类的确被宇宙电磁微波"超均匀"的诡异现象震慑了。理解了"宇宙电磁微波"的来龙去脉后，人类先行以卫星观测数据，验证了宇宙电磁微波是从"黑体辐射"而来，的确出身于原始等离子体火球。在人类信心大增之余，接着就认准了宇宙在大爆炸起源时制造出来的超均匀电磁微波中，应有"不均匀"和"平直"的特性。这两个预测，终能如黑体辐射一样，以卫星观测数据证实。但这些崭新的宇宙知识，也牵引出了一个以暗能量和暗物质为主要成分的"黑暗宇宙",再次把人类圈入一个更深沉的困惑之中。

　　书中简单介绍了目前占主导地位的宇宙起源暴胀理论,并用它来解释宇宙电磁微波的超均匀、不均匀和平直的观测现象。暴胀理论解释这些宇宙中诡异的现象,易如反掌。但超高能量的暴胀理论,完美地解释了我们 930 亿光年大小宇宙中的诡异现象后,也顺手带出了一大片我们宇宙外的天外天宇宙。理论估计,这些天外天的宇宙数目几近无穷,我们可通过在理论上无所不在的宇宙重力波,与那些天外天的宇宙沟通。

　　这些观测数据加上理论推测对宇宙起源的叙述,只能回溯到宇宙大爆炸起动后的 1000 亿亿亿亿分之一秒(10^{-35} 秒)。宇宙起源的零时,人类物理目前无能力处理,作者仅以"何去何从"章,略表看法。

　　内文也描述了科学大师们的排除万难,锲而不舍的治学精神。天下成就无不劳而获,除了聪明才智之外,还需经历生命中的背水战役、绝地反攻、死而后生的拼搏,才能摘得人类智慧瑰宝的桂冠。

　　为了使读者能放松心情阅读,本书没有列出繁琐的延伸阅读参考数据,但提供了足够的关键词句,有心读者可轻易上网爬文深究。

第一章
静止的宇宙

宇宙起源

17世纪末期，牛顿（Isaac Newton，1642—1727）创造了万有引力理论。让我们想想，打在牛顿头上的苹果，竟然和月球绕地球一样，受同样的力量掌控！于是，人类的逻辑思维顿时跳出了小小的地球，无限扩张，直至覆盖了整个宇宙。

牛顿的万有引力理论，的确是人类文明划时代的飞跃！

但牛顿的宇宙，面临着两个跨不过去的门槛，这使牛顿苦思不得其解，最终只得把他万有引力的宇宙，交回给上帝。牛顿是个虔诚的基督徒，终其一生敬畏颂宠着他的上帝。

对撞不停

第一个门槛：牛顿的天体彼此之间都有相吸的力量。换句话说，不论以宇宙哪一个星体为中心，这个星体都会开始吸引周遭别的星体，别的星体就应朝着它陨落，或者冲撞过来。两个天体互吸碰撞完毕，接着再和更多的天体相吸……牛顿的万有引力宇宙，就这样成了没完没了对撞不停的天庭。

但是，牛顿仰望17世纪末的夜空，除了日月和几颗行星外，所有的星星都挂在璀璨的天穹，只是偶尔眨一眨眼睛，位置却固若金汤，纹丝不动。牛顿看到的是一个静止的（static）宇宙，但他的万有引力却会引发天体蠢动，这实在叫他无法解释。

于是，天才的牛顿再次发挥想象力。他认为，如果星星的数目是无限的，那么任何一个星体都没有资格被称为宇宙的中心。宇宙没有中心，就失去向中心吸引的重力场，星体彼此间就安静下来了。在此，牛顿一厢情愿地认为，只要这些无穷数目的星体的位置，经过精确安排后，宇宙就可以静止下来了。（作者注：即使牛顿的宇宙是无穷又完美的，我们其实还是可以取任何一个星体为中心，圈围出个大圆球。以牛顿自己的万有引力力学计算，在球体外所有的星体也必得被球体内所有星体朝球的中心方向吸过去。所以，即使星体安排完美无穷，只要有万有引力存在，天庭仍会对撞不停。结论：牛顿这个想法不对。）

所以，经牛顿排列出来的宇宙，每颗星星只能固定在完美的位置上，不能随便乱动。任何一颗星星，只要稍一挪动，就会牵一发而动全身，整个静止的宇宙瞬间就完全垮台坍塌。

至于群星的安排，为何竟能如此完美坚固，牛顿毫不犹豫地说，那是上帝的杰作。

人也是上帝精心创作的。现在，人类面临这么一个随时会崩盘的宇宙，万能的上帝自当挺身而出，通过牛顿，向人类宣告：不用怕，我自有安排，没事！

当时罗马教廷刚刚处理完伽利略（Galileo Galilei，1564—1642）的案子不久，还记得他在受审时，手指苍天，坚持"它仍是动的！"（Eppur si muove）那一幕，使教廷寒心。现在，听到伟大的科学家牛顿重用万能的主，自然很是欣慰。

没辙的牛顿，请出了上帝为他背书，处理危机，力挺他的宇宙力学理论。于是，牛顿的静止宇宙，就如此这般，享用了近250年的平静岁月。

亮如白昼

牛顿的第二个门槛：牛顿力学的宇宙，应呈现全方位亮如白昼的天庭，没有夜空。

上帝得给牛顿一个体积无穷大、星星无穷多的完美宇宙，帮助他解决天体间因互动而崩盘的问题。而星星无穷多的宇宙，又得静止，就表示宇宙或是已经存在了无穷久的时间，或是宇宙本来就是在这种静止状态下一直永恒不变地存在着。

宇宙起源

如此，一个含有无穷多星星的宇宙，又有无穷久的时间，星光肯定是无远弗届，照到了宇宙的每个角落。一束来自遥远的星光，虽然微弱，但别忘了，星星数目是无穷的，就像在一个黑暗的大礼堂中，一根蜡烛虽然只能照亮很小一块角落，但十根、百根、千根、万根，甚或无穷多根蜡烛，因为光源无限，则大礼堂一定会被照得亮堂堂犹如白昼，要多亮就有多亮。无限星光的光源，在牛顿的夜空，永恒地前仆后继，将光能输送到每一个黑暗的角落，没有死角。牛顿的天庭，没有夜空，应亮如白昼。

更恐怖的，既然光能恒久无限地向地球天空输送，热能也就会无限堆积，地球本身和整个宇宙一定会被完全烤焦，最终以炼狱收场。

其实在牛顿之前，已有人提出过这个问题。公平而论，这个问题也不应只质问牛顿一个人，但谁叫他创造出如此伟大的宇宙理论的呢？如果连他都无法解决这个难题，人类还有什么别的指望呢？

这个问题太诡异，在牛顿每天的祷告中，肯定向上帝不停地汇报，请他有空时一定得帮帮忙，想想解决危机的办法。

这个问题后来被天文学家称为"欧伯斯（Heinrich Olbers, 1758—1840）矛盾"，因为他——欧伯斯把这个问题叙述得最清楚。

伽利略以后17世纪的天文学家，已拥有犀利的天文望远镜。他们指出，星光可能被星尘挡住了，传不到地球。但仔细推敲，并不妥当。原因很简单，长久挡住星光的星尘，自身最终也会因吸收了星光的能量而变得发光了，还是会把星光转传到地球上呀！照亮夜空的条件，仍然没有改变，矛盾依然存在。

到了20世纪初，人类已经理解到宇宙的年龄有限，并不是无穷的，这个矛盾才得到合理的解决。

也就是说，即使星星数目还是几近无穷，但星光只传播了有限时间，绝大部分的星光还没传到地球呢！

宇宙年龄有限，就表示宇宙有生日，有起始点。关于天上的问题，一不小心，又在人间滚起了雪球，一个问题引发了另一个问题，头绪更繁杂，愈来愈难懂。

爱因斯坦的宇宙

转眼，爱因斯坦（Albert Einstein，1879—1955）的时代来临。

爱因斯坦太伟大了，仅在此叙述他和宇宙起源有关的几项重要贡献。

爱因斯坦最为人知的当然是他的相对论。相对论中有个重要概念，就是能量和物质的转换。当时核物理尚未出现，离第一颗原子弹爆炸还有40年，他就先把原子弹的核心物理放在那，等以后的人类使用。

他的理论说，能量 E 和物质静止时的质量 m，可透过公式 $E=mc^2$ 互相转换（c 为光的速度）。一小块东西如果完全依这个公式转变成能量，将巨大无比，是核能的来源。经由现代粒子加速器中实验证实，光能量也可称光子能量，和物质质量间的互相转换，的确有如阳光大道，畅通无阻。

爱因斯坦看得很清楚，物质和能量既然这么容易互相转换，那能量（即光子）也应像物质一样，受万有引力控制。飞在天上的东西最终会往地下掉，光自然也该朝有重力场的方向弯曲吧？

星光向太阳方向弯曲的现象，在1919年日全食时，扎扎实实地被人类测量到了。爱因斯坦的预言被证实，一夜之间使他成为人类有史以来最为人知的科学家。

这个物理实验，惊天地，泣鬼神！自此，光子与重力齐飞，能量共物质一色。

但到现在人们还常问，宇宙以强势的"大爆炸"拉开序幕时，就只有那么一团"热气"，看不到以后遍布宇宙的物质材料，像星星、月亮、高山、大海什么的，它们从哪来的呢？

问得好！

宇宙起源

宇宙"大爆炸"上台时,全身披挂的就是那团电磁波能量的"热气"。爆炸后膨胀,一膨胀就开始冷却、降温。在不同温度,经由能量转换特定质量的公式,开始将光能量转化为物质,制造出许多各类粒子和反粒子,如质子和反质子,电子和反电子(正子)等。重的粒子如中子,在温度约 11 亿度时,由能量转换成稳定物质。轻的如电子等,会在较低的温度稳定出现,皆按爱因斯坦给我们的物理定律现身和办事。

宇宙大爆炸时的那团"热气",没有爱因斯坦的能量和物质互相转换的理论,人类就无法知道宇宙中物质如何出现。爱因斯坦老早将理论摆在那,等了好几十年,才被人类用在宇宙起源上。

爱因斯坦的光子能量,除了能由"热气"变成粒子外,还有另一个惊天动地的特性,就是,光子在宇宙中跑的速度恒定不变。

在爱因斯坦之前,19 世纪的人类,认为光的传播需要介质或载体。水波要在水中才能传播,那么光也得需要介质,即以太(ether),才能传播才是。光在以太中传播的速度,应和以太本身的速度有关。换言之,只要以太这类介质存在,光在以太中传播的速度就可快可慢。

于是人类开始辛苦地在宇宙中寻找以太,但最后竟然发现宇宙中没有以太这玩意儿。以太不存在,给了爱因斯坦灵感,就要求光在宇宙中传播速度恒定。(作者注:光速恒定,对测量光速的坐标轴有一定的要求,下文再讨论。)

速度一般以距离除以时间来计算。现在光速不变,那对距离和时间的要求就要放松。于是,爱因斯坦的相对论中,时间和空间都可伸缩,以达到光速恒定不变的要求。

牛顿力学中,空间是空间,时间是时间,两者之间没有瓜葛互动,只管自己,以绝对分离状态,亘古独立地流动。现在爱因斯坦要求光速恒定,时间空间都能伸缩,他更进一步把时间的一维空间和空间的三维空间缝织在一起。时间与空间混合,你中有我,我中有你,时空伸缩有序,太

第一章 静止的宇宙

神奇了！

爱因斯坦一下子，又把人类带上了一个更高大的宇宙平台。

爱因斯坦的宇宙表面看来和牛顿的一样，因万有引力都得向收缩塌陷的方向倾斜。爱因斯坦的相对论再伟大，还是不得不继承牛顿静止宇宙的魔咒，只好铆足了劲，让高速相对运转的天体紧急刹车，以期产生静止宇宙的现象。于是，简单美丽的广义相对论公式，就硬被加上了一条无关的反重力场的"宇宙常数"（cosmological constant）尾巴。

爱因斯坦的宇宙，是一个四维空间的时空几何结构，其中含有一般三维空间曲率概念。在每个计算中，曲率数值可预设：膨胀（马鞍形）宇宙曲率为负值；收缩（球形）宇宙曲率为正值；不胀不缩（平直）宇宙曲率为零。爱因斯坦的相对论公式看起来简单，但实为一个 4×4=16 个公式同时成立的张量联立方程式（作者注：其中 6 个重复，实得 10 个独立方程式），要代代专家努力理论解读，应用于特殊案例，才能一窥天庭庙堂的奥秘。

比如"黑洞"也是广义相对论公式的特殊案例。史瓦兹西齐德（Karl Schwarzschild，1873—1916）以爱因斯坦相对论导出黑洞数学理论，但爱因斯坦本人并不接受这类神秘天体存在的说法。又如，重力场在旋转天体附近，几何形状就会像水流涌进浴缸排水口一样，产生重力场涡流现象。专家们花了好大的力气，才从相对论中挖掘出这块瑰宝。而 NASA 要经过 42 年研发，耗资 7 亿 7 千万美元，在 2004 年才将"重力探测器 B"（Gravity Probe B）送上绕极太阳同步轨道，印证了爱因斯坦所说，旋转重力场会产生微小惯性陀螺方向的变化。

爱因斯坦的相对论，以整个宇宙为实验室，场面波澜壮阔，并不是盏省油的灯。用实验来验证相对论，动辄需耗资几十亿美元，费时数十载。在目前金融海啸和国债泛滥的时代，经费和人力来源并不充裕，往往捉襟见肘，只得咬紧牙关前行。

宇宙起源

爱因斯坦的宇宙究竟是胀还是缩，就连他本人也看不清楚，只确定宇宙中的天体是动态的。但在1915年前后，爱因斯坦仰望星空，看到的仍是牛顿静止宇宙的紧箍咒，魔法依旧高悬。

其实，爱因斯坦相对论呈现出来的宇宙，和牛顿的绝对静止的宇宙，在概念上是不同的。牛顿的天体，得完美地、坚固地安排在一个无穷大和无穷久的宇宙中。而爱因斯坦的宇宙，是一个在动态下平均值为静止的宇宙。这好比纽约第42街时代广场上的人潮，人来人往，摩肩接踵，移动不止，各向目的地前行。但仔细观察，往北走的和往南走的人一样多，往东的也和往西的同数，并且大家行走的速度差不多。如果把所有行人的速度正负加起来平均一下，可能离零速度不远，这就是爱因斯坦想要达到的一个在动态下静止的宇宙。

爱因斯坦和牛顿得到相同结论：别跟天斗，一动不如一静，还是谨慎为妙。

略微不同的是，牛顿遇到难题时求助上帝救援，而爱因斯坦比较牛，决定自力更生，在他的理论中，加上了一条反重力场的宇宙常数尾巴，企图以人类发明的物理定律来平衡宇宙，自求多福。

第二章
宇宙膨胀了

宇宙起源

1929年,爱因斯坦从哈勃(Edwin Hubble,1889—1953)处得知,宇宙不是静止的,而在无止无休地膨胀。哦,宇宙中天体原来不会向内塌陷、对撞连连的呀?当时被静止宇宙假象蒙蔽,画蛇添足,添加了无用的反重力场的宇宙常数,心中本来就觉得窝囊。

爱因斯坦终于在他的有生之年,得以一窥宇宙的奥秘,并有机会修正他一生最大的错误(biggest blunder),割去了公式中宇宙常数的尾巴,还原了他美丽广义相对论的原貌。比较起来,爱因斯坦比牛顿幸福多了。

哈勃又是怎么知道宇宙是膨胀的呢?

我们在街上常听到警车鸣笛急驶,马上注意到,声音往尖的方向攀升的警笛,表示警车朝你开过来,绝对不会弄错,就赶快往路边躲避让路。警车离你远去后,警笛频率转低,往柔的方向降,一切又恢复正常。以物理术语形容,朝你开过来的警车警笛声波被挤压,频率增高;离你远去的警笛声波被拉长,频率减低。车的速度愈快,频率高低变化愈大,这就是声学中的"多普勒效应"(Doppler effect)。

哈勃以他巨大的望远镜接收的是光,不是声波。但光也是一种波动。由某种原子发出的光谱,频率固定,人类有精确数据登录在案。哈勃在观测几百万光年外星系的光谱时,发现其特殊原子的光谱频率都减低了,就像警笛离你远去,表示星系正向远离地球方向移动,即宇宙在膨胀。

当然,如果哈勃接收的光谱频率向高处攀升,就表示星系向地球方向靠拢,即宇宙在收缩,但他并没有看到这类宇宙收缩的现象。[作者注:光谱向低频方向移动,称红移(red shift);向高频方向移动,称蓝移(blue shift)。移动光源产生的红、蓝移,也称为光谱"多普勒效应"。]

有生日的宇宙

但是,宇宙为什么会膨胀呢?追寻宇宙奥秘的雪球又滚起来了。

第二章　宇宙膨胀了

膨胀的宇宙给出的讯息是，明天的宇宙将比今天的大，今天的又比昨天的大，昨天的要比前天的大……回眸来时路，宇宙应该愈来愈小，最终总有那么一天，宇宙的体积也会小到不能再小，而密度会大到难以想象。那一天，也就应该是我们宇宙膨胀的起始点，一般可称为宇宙生日之时。

有生日的宇宙太难理解。宇宙是从零零零……体积开始的，还是从一小丁点儿的体积开始的呢？宇宙生日的零时应该从哪一点起跳？生日的前一天，宇宙躲到哪里去了？宇宙的生日那天算是"没有昨天的一天"。未来，宇宙还会有个终结，有个"没有明天的一天"吗？

宇宙是从零体积开始，还是从一小丁点儿体积开始，两种模式的取舍，要看量子力学能多给力。测不准原理（uncertainty principle）引起的量子起伏（quantum fluctuation），深植在宇宙基因之中。这些问题太深奥，目前除了含糊解说外，人类尚处在懵懂无知的黑暗时代。

宇宙膨胀的消息一经披露，宇宙高能物理学家马上动员起来，他们像拉风箱一样，一下子把宇宙挤压回起点，一下子又把宇宙拉胀到现代。专家们在宇宙深幽的时间轴上来回计算，目的是要把我们能观测到的宇宙中的家当，比如说有多少颗中子，多少颗质子，多少电子、中微子和它们的反粒子等，一颗不少，统统计算出来。

从宇宙目前氢和氦贮藏量比例推测，专家也进行了宇宙大爆炸（Big Bang）后光子（photon）数量的计算。他们注意到，宇宙大爆炸时产生的光子数量很庞大。膨胀100多亿年后，光子——也就是电磁波，至今虽已气若游丝，但一息尚存，应该仍然测量得到。（作者注："光子"是专家在量子力学中为电磁波取的名字。电磁波的波长、频率、能量不变，只是把它称为光子，将它独立成像弹珠一样不连续的粒子罢了。）

宇宙高能物理学家虽然掌握了这份宝贵的信息，但并没有认真地去追寻那微弱古老的电磁微波信号，他们不肯费精力寻找的原因很简单：20世纪30年代以后，粒子物理蓬勃发展，新粒子从预测到定案，如中子、正子、中微子等，层出不穷。一颗新粒子的发现，几乎和诺贝尔奖的颁发画上等号。投资报酬率如此之高，不参加这场寻宝大赛，岂不是傻瓜？况且宇宙起源研究非正统法眼，还不够资格登入学术殿堂。

大爆炸余音

1965 年，两位贝尔实验室的无线电天文学家，彭齐亚斯（Arno Penzias，1933—）和威尔逊（Robert Wilson，1936—）使用号角型无线电天线，在无意中，为人类第一次听到了大爆炸后残留下来的宇宙电磁微波背景辐射的声音。

贝尔实验室研发号角型大耳朵，最初是为了和人类刚刚送上天的人造卫星通讯。要通讯信号清晰，就得把接收讯号天线的内部电子杂音消除。

大爆炸讯息经 100 多亿年的传播，信号微弱，与电子杂音无异。刚开始，他们以为这个杂音是从银河系中心传过来的，于是移动天线方向，避开银河系最大的微波来源，但杂音还是吱吱地吵个不停。再转动天线，指向天上没有星星存在的方向，日夜测量，杂音仍在。难道是附近的小动物跑到天线里嬉戏，留下排泄物，产生了杂音？于是两位专家就清洗天线内部，把天线拆散又装回，杂音依旧如影随形，不离不弃。两位无线电天文学家实在没辙了，经同事介绍，打电话给普林斯顿大学宇宙高能物理学家狄基（Robert Dicke，1916—1997）求助。狄基在第一分钟内，就认定他们听到的是宇宙大爆炸的余音。放下电话，即刻通告他的科研小组："我们被端了！"（We've been scooped！）

原来，当时狄基小组也把一个小天线架在地质系的阳台上，寻找宇宙大爆炸的余音。但这类在当时仍为非主流的研究课题，老板有兴趣，大家只好有一搭没一搭地做着。

当时参与这个小天线研究项目的成员中，有位名叫威尔金森（David

Wilkinson，1935—2002）的研究员，后来在宇宙电磁微波研究领域贡献杰出。人类第二代微波探测卫星"威尔金森微波各向异性探测器"（Wilkinson Microwave Anisotropy Probe，WMAP），就是在他因癌症逝世后，以他的名字命名的。

贝尔大耳朵听到微波后，狄基小组再用他们液态氦制冷的小天线，在较高频率波段仔细寻找，竟然也测量到同样的宇宙电磁微波杂音。虽然这个杂音现在听起来，清脆如婴啼，美妙如天籁，只可惜，黄花菜都凉了，晚啦！

在彭齐亚斯和威尔逊两人发表的论文中，仔细描述了这个杂音测量的全过程。至于此杂音为何物，他们把讲台全部让给了狄基科研小组。这两篇1965年7月的论文，在同一刊物同时发表。《纽约时报》（The New York Times）盯得更紧，在5月21日抢先以头版头条报道：信号意味"大爆炸"宇宙（Signals Imply a 'Big Bang' Universe）。

宇宙电磁微波是继哈勃的1929年膨胀宇宙后，20世纪另一重大发现。虽然来之意外，但对人类文明的贡献却相当巨大，因为听到了宇宙最古老的"声音"。彭齐亚斯和威尔逊两人因此荣获1978年诺贝尔物理奖。

狄基小组成员痛心疾首。他们这些宇宙高能物理学家，对此电磁微波原本知之甚详，他们的小天线灵敏度也足够，只因操作的人努力不够，掉以轻心，没有认真对待，就把几乎入袋的诺贝尔奖，拱手让给了与宇宙电磁微波素不相识的两位门外汉。

煮熟的鸭子，没认真看着，愣是飞走了。

威尔金森和他的老板狄基，时不我与，与1978年的诺贝尔奖擦肩而过。到了2006年的诺贝尔奖，再度颁发给这个领域的巨大成就时，两人皆已谢世。更令人惋惜的，还有阿尔佛，他在1948—1953年间，辛勤计算现代宇宙电磁微波的温度，虽然到处作报告，找人测量，但人微言轻，后来也就被淡忘了。1965年后，当大家一哄而上时，他也找出纸张泛黄的论文，但时过境迁，就不再有他的事了。

宇宙起源

阿尔佛后来被有些知情知底的专家们誉为"大爆炸之父"（Father of the Big Bang），除了诺贝尔奖之外，别的重要大奖全得，包括美国总统小布什颁给他的"科学勋章"。

1965 年听到大爆炸的余音，也就是宇宙电磁微波背景辐射给出的讯息，相当诡异，这要比牛顿的静止宇宙更难理解。

这里先讲能理解的部分。

宇宙电磁微波虽然诡异，但它的第一特性是超均匀，漫山遍野 360 度全方位强度一致。这类性质的电波，像是人类知之甚详的黑体辐射。麻烦的是，贝尔大耳朵的数据仅取自单一电磁微波波长，7.35 厘米，不够画出黑体辐射的全貌。尤其是短波部分，地球大气吸收力强，从宇宙来的电磁微波无法透射。要一窥宇宙短波，只能到太空中去测量。

1989 年年底，人类第一颗专为测量宇宙电磁微波的人造卫星升空，称为"宇宙背景探测器"（Cosmic Background Explorer，COBE），这是美国国家航空航天局（NASA）的科学任务，距彭齐亚斯和威尔逊的发现，已过了近四分之一个世纪。这颗卫星的研制和发射，以我在航太总署总部近距离的观察，是一段崎岖艰辛的历史，容我稍后再述。

"宇宙背景探测器"进入太空后 9 分钟内，宇宙微波的黑体辐射特性，就全被测量出来了。这个项目由 NASA 科学家马瑟（John Mather，1946—）负责，上千位专家参与。2006 年，他为 NASA 捧回有史以来的第一个诺贝尔奖。

诡 异

对宇宙电磁微波不理解的诡异部分就太多了。

第一，宇宙电磁微波在我们能观测得到的整个宇宙，均匀程度达到十万分之一。我们目前的宇宙太大，直径已膨胀到 930 亿光年，光已无法

第二章 宇宙膨胀了

随心所欲走透透。换言之，现在已分布在距离遥远各地的宇宙电磁微波，不可能在过去曾经有机会接触搅拌过。过去没能接触搅拌过，那它今天的强度，为什么会这么均匀呢？

专家认为光的接触搅拌是造成超均匀现象的必要因果（causality）逻辑，没有接触就不可能均匀。

古斯（Alan Guth, 1947—）在1981年发明了"暴胀"（inflation）理论，为宇宙电磁微波的超均匀解惑。

可能是天文物理学家坚持科学真理太执着，捞过了界，一不小心侵犯到上帝的地盘。于是，大爆炸和"暴胀"理论引起罗马教廷重视。教皇保罗二世（John Paul II, 1920—2005）为此邀请了几位世界天文界领袖专家，包括霍金（Stephen Hawking, 1942—）在内，到他的书房促膝长谈，向科学界说明上帝管辖的地盘和工作时段，为现代创世纪时间表重新定位。

梵蒂冈的意愿清晰。超均匀分布的宇宙电磁微波，是上帝在大爆炸中瞬间"暴胀"时的创作，显示上帝对人类震慑的无上权威。

天文物理学家只管科学的"暴胀"，不会跟上帝争宗教的"暴胀"地盘。但他们肯定会提醒教皇，请他和上帝老板认证，他的确是在138亿年前大爆炸起动后的10^{-35}秒瞬间，引发了"暴胀"。上帝能力无穷，当然随时可施障眼法，硬是不让凡夫俗子知道他准确制造宇宙的时间。但是天文物理学家有责任把上帝创造宇宙的精确时刻告知教皇。彼此时程协调同步，可为宇宙增加些和谐气氛。

保罗二世也和科学界妥协。1992年，伽利略逝世350周年，罗马教廷认错，正式宣布向他道歉，后来又表示要为他立铜像。2008年，教皇本尼狄克16世（Pope Benedict XVI, 1927—）又大力称赞伽利略一番，但立铜像之事，随即决定容后再议。在官僚体系用语中，容后再议即等于不必再议或永不再议。

对宇宙电磁微波不理解的第二个诡异部分是，因为"人的存在"，宇宙

宇宙起源

电磁微波中必须含有不均匀部分。如宇宙全部超均匀一片,没有不均匀部分,那就没有任何一块宇宙地盘能产生多一点的牛顿引力,呼朋唤友吸引别的宇宙材料。如此,星尘不聚集,就无法凝聚,星星就不能经核融合能量发光,就形成不了太阳,就没有太阳系,就造不成一颗小行星地球,就没有生命的立足之地,就没有你和我……所以,均匀中要有不均匀,不均匀才能造成宇宙物质的凝聚。

但是,贝尔大耳朵测量不到宇宙不均匀的讯息。

1989年年底,NASA送上天的卫星也集中力量寻找宇宙电磁微波的不均匀部分。1965年的宇宙电磁微波是碰运气听到的,但不可能次次都有运气可碰,只有努力才行;斯穆特(George Smoot,1945—)从1974年就决定把寻找宇宙电磁微波的不均匀部分,作为他一辈子追求的目标。他领军2000名科技人员,全球奔波,先以U-2飞机在美国加州沙漠上空来回测量太阳系在宇宙中飞行的速度和方向,后来,又把U-2飞到南半球复查北半球的数据,还在南极洲测量银河系微波辐射。最后,他以两年多时间,分析宇宙微波卫星测量数据,终能在18年后的1992年,交出一份漂亮的成绩单。

宇宙电磁微波不均匀部分的追寻,比黑体辐射困难多了。如果没有斯穆特18年艰苦卓绝、奋斗不息的拼搏取得的数据,人类就不得而知宇宙何以能够凝聚成型,心中自然忐忑难安。

霍金认为对宇宙电磁微波不均匀部分的解密,是人类20世纪中最伟大的发现,甚或是人类有史以来最伟大的发现。斯穆特因这项对人类文明宏大的贡献而在2006年获颁诺贝尔奖。

对宇宙电磁波不理解的第三个诡异部分是,智能型人类娇弱的生命,在地球上长时期生存演化,需要宇宙温柔体贴地对待。虽然宇宙并非只是为人类量身定做而打造出来的,但我们既然已在宇宙中生存,宇宙就得满足一些我们生存的基本需求才行。

第二章　宇宙膨胀了

我们要求宇宙在大爆炸过后的演化过程，不得大起大落。大起大落的宇宙，即使能凝聚，勉强造就出一些太阳行星系，这些星系的环境也会因为变化太快，而成为生命的绝境。目前人的存在，已经证明宇宙没有忽而膨胀，忽而收缩，已经算是很温柔地善待我们了。也就是说，宇宙的电磁微波，应该显现出了它温柔的一面，即专家所说的"平直"特性。

"平直"的宇宙需一般物质、暗物质和暗能量参与，使宇宙的曲率为0，或专家爱用的为1的相对"临界密度"（critical density）才行。临门一脚的暗能量，通过对超新星的观测，在1998年才羞涩现形，真是千呼万唤始出来，犹抱琵琶半遮面。三位天文物理学家：波马特（Saul Perlmutter, 1959—）、施密特（Brian Schmidt, 1967—）和里斯（Adam Riess, 1969—），本想以超新星为宇宙超级标准烛光，来测量宇宙极遥远的星体因重力场作用而愈飞愈慢的现象。不料，他们量到大爆炸80亿年后，宇宙膨胀不但没慢下来，反而加速前进。人类长久以来，一直盼望着把宇宙的密度凑成"临界密度"。在此之前，一般物质和暗物质加起来，仅够临界密度的0.05+0.27=0.32，距1还有一截。如果不到1，宇宙就抓不住所含材料，最后会以散花收场。宇宙不平直，就是对人类温柔体贴不够，给人类的只是一份残缺的爱。现在，终于找到了推动宇宙加速的暗能量，数字接近0.68，0.05+0.27+0.68=1.00，终能把宇宙平直的拼图凑完整了。

"临界密度"是专家用来估计宇宙"平直"度的考虑，对一般大众艰涩难懂。用三角形的三个内角的总和来说明，则较容易了解。在平面上画的三角形，三个内角总值为180°；在球面上画的三角形，大于180°；在马鞍形上画的三角形，小于180°。如果我们能在宇宙中，找到一把可靠的"天尺"，就能在宇宙中画上一个边长上百亿光年的巨大等腰三角形。如这个三角形的内角总值为180°，我们就能确定宇宙是"平直"的。三个内角大于180°，宇宙向内塌陷；三个内角小于180°，宇宙向外膨胀。

宇宙起源

因为人类实在太想从各方面证实宇宙到底是不是温柔地爱着我们,所以就迫不及待地在第二代微波测量探测卫星"威尔金森微波各向异性探测器"即将上天之前,也就是波马特等在 1998 年 5 月数据公布后的同年 12 月 28 日,快马加鞭地在南极洲大陆上空,进行环流气球微波实验,查证三角内角和的总值。

虽然在地表上做这类测量,南极大陆水气最稀薄、最干燥,已为最佳之选,但还是远不及第二代微波卫星在天上测量的清亮。可是,人类等不及了!

从南极气球微波实验回收的数据,虽然总的分辨率仅勉强及格,但竟然毫不含糊地量出宇宙微波大等腰三角形是在平面上摊开的几何图形。我们宇宙是"平直"的!

而波马特、施密特和里斯暗能量的发现,把宇宙相对密度凑成了临界密度 1。现在再由南极洲测量到的微波平面分布几何图形证实,他们对人类文明做出了巨大的贡献,终能于 2011 年荣获诺贝尔奖。

人类终于可以向宇宙唱出缠绵感激的恋曲:《恰似你的温柔》。

宇宙慈悲温柔的一面,也为人类预留出"凝聚"和"平直"的演化空间。

能力无限、权威无上的宇宙,在经大爆炸产生超均匀的震慑天威中,含有对人类弥补亏欠追悔的慈悲和温柔,体现了《易经》乾卦"上九"爻博大精深的智慧。

亢龙有悔。

暗物质和暗能量的真正面貌,至今还是现代人类的未知领域。它们神龙见首不见尾,神秘做大案,有待追查。

50 亿年前,宇宙虽然开始加速膨胀,但目前的宇宙,宏观估计,仍然在温柔平直的范围之内,膨胀缓和。即使宇宙决定收回所有给出的爱,最后以大散花(Big Rip)收场,人类也不必过于担忧。在宇宙中有很多类似太阳的恒星,早已走完生老病死的一生。人类已掌握我们的太阳在未来 50

亿年的演化和剧变，比如它会变成红巨星，终将地球吞噬等。肯定的是，人类活不到太阳吞噬地球那天，更活不到宇宙大散花之日。

无所不在的宇宙电磁微波，是宇宙在测不准原理的量子物理掌控下，在现实世界中呈现出来的"相"。所以，宇宙电磁微波还隐藏着其他的诡异特性，造就了目前在理论上热烈讨论的"天外天"。这些几近无穷数目的天外天，在我们能观测到的宇宙之外。这些天外还有天外天的众多的天，和我们的宇宙，有沟通的管道吗？

理 解

以现在"暴胀"理论的理解，138亿年前，宇宙起源时有个大爆炸事件。爆炸前的宇宙超小，光能轻易横渡，整个宇宙之光亲密接触、混合搅拌，形成超均匀状态。爆炸开始后的 10^{-35} 至 10^{-32} 秒间，宇宙以奇高无比的"伪真空"（false vacuum）量子振荡能量，以超过光速1亿亿亿倍的速度，一下子把宇宙"暴胀"了至少近1亿亿亿倍。

暴胀速度太快，超均匀的光波没有时间调整，依然以超均匀状态存在。暴胀后，宇宙半径暴增，像一个被膨胀成几近无穷大的气球一样，在有限的范围内，气球表面就像一个平面，见不到弯曲度。故"暴胀"理论能合理解释我们宇宙中呈现的电磁微波超均匀和宇宙平直的现象。

暴胀后的宇宙，充满了高能量的光子、电子、中微子、质子、中子以及它们的反粒子等，在极高温下，形成原始混沌的等离子体，光子和电子质子之间挤推不停，产生了声波振荡。宇宙继续膨胀、继续降温，转眼37.6万年过去了。等到宇宙的温度降到3000K，电子速度够慢了，就被质子逮个正着，中性氢原子出现了，等离子体随着就没电了，光子推不到质子和电子，声波振荡就戛然而止。光子没有电子和质子挡路，在最后一刹那间，就以电磁微波记录下宇宙37.6万年时的天空形象，然后跟随膨

宇宙起源

胀的宇宙同步起舞，138 亿年后，被贝尔实验室的大耳朵听到。

而不带电的中性材料，在大爆炸后宇宙留下的量子起伏的胎记诱导下，开始朝物质多的方位凝聚。2 亿年后，重力场终于引发了氢转氦的核变，发出了第一道光，星星出现了，星系不久后跟进。宇宙又继续膨胀了 136 亿年，展现出当下温柔平直的星空，璀璨瑰丽，供你我欣赏赞叹。

简单地说，我们的宇宙，就是这么起源的。

1965 年宇宙电磁微波被发现后，狄基马上判断微波属于黑体辐射，并从人类能在宇宙活得好好的事实臆测，宇宙应有温柔平直的几何特性。斯穆特认定宇宙目前众多星系凝聚，包括人类生命立足地——地球，微波中应含悲天悯人的不均匀的原始胎记。黑体辐射和不均匀部分的侦测，只能到天上去做。

第一代宇宙微波测量卫星证实了黑体辐射，并测量到宇宙的不均匀部分。数年后，经由地面对超新星的观测，发现了神秘的暗能量。再快马加鞭，从南极洲气球实验，测量出宇宙一直是在一个平面上膨胀，温柔平直的宇宙终于在 20 世纪末定案。21 世纪初发射的第二、第三代宇宙微波卫星，以节节攀高的分辨率，更精确地测量了宇宙的平直度，并打开和我们宇宙外的宇宙沟通的管道。

我们的宇宙，在震慑的超均匀中，含有慈悲的不均匀内涵，使脆弱的人类生命有立足之地。而不均匀的分配图形，刚好提供了平直几何特性，显现出宇宙温柔的一面。

正是，宇宙中有美妙的韵律和温柔的人性。

超均匀、不均匀和平直，都应是宇宙在起源时极高能量大爆炸的动作下，留下的原始胎记。这些胎记，携带着宇宙起源的奥秘。

在这本书中，我以由观测取得的宇宙电磁微波数据为主要线索，把以上谈到的重点，加深处理。

我们就从宇宙大小的知识出发，去了解当前诡异宇宙一些已显示出来的个性。

第三章
宇宙有多大？

宇宙起源

让我从"宇宙有多大？"开始，讲些基本常识，再抽丝剥茧，一步步地往深处探究宇宙以大爆炸起源时，所产生的诡异现象。

我们的宇宙到底有多大，得先从太阳系说起。

我们熟悉地球，也知道越洋民航机的速度要比音速慢一点。乘民航机横越太平洋约需 12 小时，如果乘它去月球，要 18 天。地球与太阳的距离为 1 个天文单位（astronomical unit，AU），相当于 1.5 亿千米，光需走 8 分 19 秒，民航机则要 20 年，去木星要 82 年，而去前太阳系第 9 颗行星——冥王星，更长达 750 年。人类在 20 世纪 70 年代送出的"旅行者号"（Voyager），以相对太阳 50 倍的音速航行，30 多年后，已越过冥王星轨道，航行了 17 光时，即光走了 17 个小时的距离，向太阳系外的星空前进。离太阳系最近的恒星为半人马座比邻星（Proxima Centauri），距地球约 4.2 光年，乘民航机需 500 万年。

500 万年，对人类而言实在太久了，和现实生活简直无法挂钩。想想看，500 万年前，我们的老祖先还刚从树上下来，进入草原，开始直立行走，发展大脑，和四腿健跑的野兽拼搏。那是太久远以前的事了。未来 500 万年如果要做星际旅行，绝对不能用慢吞吞的民航机，一定会用接近光速的"星航旗舰"来执行任务，上附五星级豪华大酒店，另设图书馆、电影院、游乐场、健身房、夜总会等。这样，4 年多的漫长旅程，还能勉强忍受。

从半人马座望出去，看到的就是银河系的主体。银河系含有近 1000 亿颗星星，若乘近光速的星航旗舰横越银河系，需要 10 万年。不言而喻，人类的寿命根本无法策划长达 10 万年的旅程，只能用"跃星"战略，选邻近重要的恒星系拜访。

拜访银河系中恒星系的幻想，虽已远远超越了目前人类的科技能力，但银河系还仅仅是宇宙上千亿个星系之一。距离银河系最近的有大、小麦哲伦星云，约 17 万—19 万光年。远些的有仙女座星系，约 250 万光年。再远一点的室女座星系团，约 5500 万光年。再往外走，有些类星体（quasar），距离可超过上百亿光年。

经过对宇宙电磁微波精密的测量和计算，我们的宇宙年龄为 138 亿年。有 138 亿年寿命的宇宙，从地球的位置看出去，半径该有多大呢？

媒体上最直接的回答是 138 亿光年。原因是我们的宇宙只有 138 亿年的寿命，光最多只能走 138 亿年。138 亿年乘以光速，得到宇宙的半径为 138 亿光年，直径为 276 亿光年。但是，这是一个在概念上完全没有经过大脑思考的错误答案。这个答案却被媒体喜爱，因为它的逻辑简单，又宣扬了宇宙"大"和"久"的浪漫情怀。

膨 胀

宇宙的大小无法明确定案，主要是因为宇宙内含膨胀机制。这类膨胀，在人类的生活经验中难以寻求。

因为找不到准确的例子，让我们勉强用吹气球说明。先在气球上均匀地画上数个黑点，代表星系，然后开始吹气，气球渐胀，上面黑点间的距离也随之增加。膨胀的气球表面，就如同宇宙的膨胀现象，半径变大，星系间的距离也就增加。但仔细观察黑点颜色，似乎比没膨胀前淡了些，因为面积也增加了。

真实宇宙膨胀时，黑点代表的是星系。星系因万有引力作用，不会因膨胀而变大。所以宇宙膨胀时半径变大，但星系中的天体紧紧抱团，大小不变，和气球的例子略有出入。

以地球为中心向外观测到的宇宙膨胀速度，每隔 100 万光年的距离，膨胀速度每秒就增加 20 千米。换句话说，距离地球 100 亿光年的宇宙空间，现在正以每秒 20 万千米的速度，向外膨胀。而距离地球超过 150 亿光年以外的宇宙空间，正以超出光速每秒 30 万千米的速度向外膨胀。所以，

宇宙起源

在距离地球极遥远的宇宙空间，它相对于地球的速度因膨胀速度累积的效果，可远远超过光速，不受光速限制。

在宇宙空间中，两点的距离只要够远，相对速度就可超过光速，虽然令人困惑不已，其实解释起来并不困难。爱因斯坦狭义相对论规定物体速度不得超过光速，使用的是一个非常严格并且有局限性的"惯性坐标系"（inertial coordinate system），而宇宙膨胀速度计算，使用的是一个不同概念的"共动坐标系统"（co-moving coordinate system），两种计算，可谓风马牛不相及。简单说来，就是爱因斯坦的狭义相对论，管不到宇宙膨胀速度这块地盘。

其实，从地球看出去，许多天体对地球的相对速度都比光速快。比如从地球看4.2光年外的半人马座比邻星，它像是每天绕地球一周，如换算成速度，则为光速的9627倍（4.2×365×2×3.14=9627）。地球同步轨道上的坐标轴不是爱因斯坦的惯性坐标轴。使用的坐标轴不一样，量出的相对速度就不同。相对速度超出光速与否，并无实质的物理意义。

在爱因斯坦的局限性惯性坐标轴中，有信息内涵的物体，如人类，其绝对速度就不得超过光速。现在假设这类物体能以超光速旅行，我们就能追回过去的光阴，回到过去，去变更已发生过的历史事件，造成我们在现实生活中发生无法解决的矛盾问题。比如说，在过去我们碰巧遇到了少女时代的妈妈，带她出去郊游，结果她因车祸去世等。没有过去少女时代的母亲，就没有现在的你，但你的确在现实中存在，矛盾于是产生了。要合理解决这个矛盾，物理就必得要求人类或任何携带信息的物体，不能以超光速旅行，回到过去。

再回来谈宇宙膨胀。

宇宙向大体积方向膨胀，温度随之降低。

到目前为止，我们还没谈论宇宙温度的概念。

宇宙的温度以电磁波的强弱来测量。电磁波是能量的一种，其他能量

第三章　宇宙有多大？

还有物质的动能、势能等。电磁波的波长愈短，能量愈高，比如伽马射线和 X 射线。反之，波长长的电波能量低，比如微波和无线电波等。

所有的能量都可用温度表示，能量高，则温度高；能量低，则温度低。

宇宙在 37.6 万年时，原始等离子体振荡中止。中止的原因是质子抓住了慢跑的电子，一下子宇宙的电量变为零，成为中性，光子、电子和质子间的挤推力量消失。在现代的实验室里，我们可以量出在 3000 K 温度时，电子速度慢到可以让质子以正负电相吸的力量将其逮住。

在宇宙中，我们皆以绝对温度 K（Kelvin）为度量标准。水的沸点 373 K、冰点 273 K；太阳表面温度 5777 K 等。

电磁微波，在宇宙 37.6 万年时，因为没有电子和质子挡路，以 3000 K 的能量开始充满了当时的宇宙。经过了 138 亿年，因宇宙膨胀，电磁波被拉长，温度已经降到了 2.7250 K。

宇宙体积小时，温度高；体积膨胀后，温度变低。体积和温度成反比，为热力学的基本常识。

所以，宇宙从 37.6 万年起，经过 138 亿年，已膨胀了约 3000/2.7250=1100 倍，和文献中以相对论精确计算出来的 1292 倍大致符合。

星系间的距离，因宇宙空间每分每秒永无休止地膨胀，如银河系和室女座星系团里的 M61 间的距离，136 亿年前可近到 4 万光年，到如今已分离到 5000 多万光年，而这个距离还在持续增加中。

宇宙永无休止地膨胀着。在宇宙中的观测，光源一面向你的方向发射光能，同时又因空间膨胀背你而去；而你的观测站，在等待的同时，也向光源相反方向移动，并且你等待的时间，动辄上亿年。

宇宙起源

930 亿光年

　　宇宙的大小，因为有宇宙膨胀作梗，一般大众较难理解。宇宙从大爆炸起算，以爱因斯坦的广义相对论为准，一路不停地膨胀，已进行了138亿年。

　　我们的宇宙到底有多大呢？结论：半径约为465亿光年，合直径930亿光年。

第四章
超均匀

宇宙起源

宇宙太大，又那么久远。人类每天活在人性贪嗔痴三毒煎熬的现实生活中，"宇宙有多大？"这个问题本来并不那么重要。即使再加上"我们的"这三个字在前面，也不会太增加人类的注意力。

人类已经知道宇宙很大。而人类是有智慧的、讲道理的，只要我们看到的宇宙也讲道理，即使再大，也吓不倒我们——但宇宙跟自以为很聪明的人类讲道理吗？

牛顿在伦敦鼠疫时，逃回乡村老宅，脑壳在后院被苹果打中，激出灵感，发明了万有引力理论。300多年后，天文学家在"卢卡斯数学讲座教授"（Lucasian Professor of Mathematics）霍金的邀请下，又回到牛顿的后院。这回是月暗风息的晚上，看到满天繁星，美丽坚硬，在漆黑的夜空中里，都遵守牛顿的规律运转着，科学家心中得意之情油然而生。但就在开始得意的一刹那，突然想到最近发现超均匀的宇宙电磁微波，加上宇宙的大爆炸。哎呀！牛顿呀，您要我们怎么处理这些现象啊？再去找上帝吗？

牛顿的万有引力会使宇宙崩盘，而且会把夜空照亮，美丽不再。牛顿怕了，就把他的宇宙往上帝身上一推：上帝，我玩不转了，您可要帮我一把。

上帝处理事情，天机难测，帮牛顿的方式也很奇特。他并没有按照牛顿祷告时的要求，给他安排一个既完美又无限大的宇宙。要宇宙不崩盘，工具箱里的法宝五花八门，你想挑哪个？好，就来个大爆炸吧。爆炸后宇宙往四面八方飞射出去，拉都拉不回来，这不就解决了你整天担忧崩盘的事吗？有些飞出去的星星的光现在还没传到你那儿，美丽的夜空现在也还给你留着，以后如果发生问题，我再帮你解决。

高手出招，果然不同凡响。上帝轻而易举地解决了牛顿的麻烦。300多年过去了，霍金等人仰望天穹，群星在漆黑的夜幕上，璀璨闪烁，美丽依然。好感激牛顿为全人类求得的上帝恩典啊。

牛顿先生，宇宙确实还在使用您的万有引力。上帝用大爆炸帮您解决了宇宙崩盘的灾难，但却留下了后遗症。人类怎么也想不通，我们的一颗小手榴弹爆炸，就已经东一块西一片，四处横飞，一片狼藉了。而上帝大爆炸的能量，是这颗手榴弹的亿亿亿……倍，怎就能爆炸得那么完美均匀，严丝合缝，一点破绽都没有呢？

上帝跟人类还讲道理吗？

8.7250 摄氏度

宇宙不讲理的原因，先简单举个想象中的例子来说明。

学校开周会，天热，500 个同学每人带一瓶水挤进大礼堂。周会开始，老师上台还没开讲，就先发给每位同学 5 根精确度不同的温度计。第一根温度计精确度为 1 摄氏度，第二根为 1/10 摄氏度，第三根为 1/100 摄氏度，第四根为 1/1000 摄氏度，第五根为 1/10000 摄氏度。老师说："今天洛杉矶姊妹校来电，邀请我们一起做一个实验。现在请各位同学打开瓶盖，用第一根温度计量一量瓶中水的温度。"10 秒钟后，同学齐声报告："摄氏 8 度。"老师一惊："哎呀，怎么 500 瓶水全是同一温度呀？"再叫同学用第二根温度计量，集体回报："8.7 摄氏度。"500 瓶水又是相同温度呀。怪！再用第三根温度计量："8.72 度。"第四根："8.725 度。"最后第五根，500 个同学齐吼："8.7250 摄氏度！"

台上的老师觉得太奇怪了，赶快以 Skype 向洛杉矶咨询。回报，他们的学生量出的水温也是 8.7250 摄氏度呀！不但如此，他们与南非、欧洲、南美、西伯利亚、南极等地交换信息，发现当下世界上 70 亿人，每个人手中的瓶装水，温度都是 8.7250 摄氏度。

8.7250 这个数字太恐怖了，怎么会这样？老师被震慑了。

这位老师，是智慧人类的代表，在第一时间，并没有把这个难题往上帝身上推。

宇宙起源

70 亿智人居住的行星——地球，场面不小了。他们手中瓶装水的温度相同，我——老师，知道这是怎么来的。全地球 70 亿人，如果都同时到同一饮水机取水，那水温就可能一样。

每个人都有体积，世界上哪有那么大的广场，能同时容纳 70 亿人？哪有那么巨大的饮水机龙头，能供 70 亿人同时取水？每个人又怎么由他（她）的居住地，同时赶到饮水机旁？超音速的协和式客机早已停飞了，就算使用 2 倍音速赶到饮水机旁，70 亿人每人抵达的时间因距离远近不同，肯定有先来后到之分。取水时间不同，水温自有变化。

我们知道地球有多大、民航机能飞多快、世界上最大的广场能同时容纳多少人、饮水机水龙头有多大……因为具备了这些基本知识，我们就认为，70 亿人水温相同到万分之一度的事件，老师的答案不对。人类想不通的这个难题，已够资格交给上帝去处理的。

上帝能力无穷，处理地球人水温难题，小菜一碟。把地球和 70 亿人全缩成一粒中子大小，同时取同温度的水。然后，再暴胀一下，全恢复原形，不就解决了吗？又是高招，上帝的做法，人类只有赞叹的份。可是，亲爱的上帝呀，您缩胀自如，还在宇宙中丢炸弹，那些炸药是从哪儿来的呢？

目前我们知道宇宙的大小约为地球的 7 千亿亿倍。如果有人告诉你，在这么大的宇宙地盘，各地分散住有 50 万亿亿亿个人，每人手中瓶水的温度也都是 8.7250 摄氏度，那你肯定会被吓到目瞪口呆——至少我会。

从贝尔实验室地面的大耳朵，经第一、第二、第三代的天上卫星测量，整个宇宙被一个均匀到十万分之一的电磁微波团团笼罩住，比地球水温事件，至少更神奇到上千亿亿倍。

不知道不怕，愈知道愈怕。人类额头冒汗、头皮发麻，原因就在于此。超均匀电磁微波事件肯定携带着宇宙起源的秘密，人类凭智人的智慧，能找出合理的解释吗？还是又要请上帝出马，像《创世纪》讲宇宙和人是神造的一样，为人类解惑？

第四章　超均匀

2.7250 K

　　身为智人，我们至少得试试去了解宇宙目前呈现给人类超均匀电磁微波的神奇现象。

　　我们 930 亿光年直径大小的宇宙，完全被温度为 2.7250 K 的电磁微波笼罩住。地球直径小于 0.1 光秒，即使全地球 70 亿人口，每人的瓶水温度皆为 8.7250 摄氏度，和 930 亿光年范围的十万分之一的均匀度电磁微波比较，就是小巫见大巫了！

　　在 138 亿年内，光不可能由地球左边方位的宇宙星空，走到地球右边方位的宇宙星空。光无法沟通混合搅拌，那全宇宙的电磁微波怎会这么均匀呢？即使推回到电磁微波在 37.6 万年出发的时候，宇宙直径约为 8500 万光年，而光只能约在 37.6 万光年内沟通混合，覆盖不住当时直径 8500 万光年的宇宙。所以，宇宙电磁微波超均匀奇景，在宇宙 37.6 万年时，就早已存在。

　　这就是宇宙电磁微波给专家带来的所谓"视界"（horizon）问题，也是宇宙"上九"亢龙发出的第一个震慑天威。

　　宇宙视界问题出奇地诡异难懂。难道上帝会再施大法，也把整个宇宙缩成比中子还小的体积，让光能沟通混合搅拌个够？然后再以至高能量，引爆宇宙以超光速暴胀，为人类解惑？

　　人类能自己想出解决宇宙超均匀电磁微波产生的视界问题吗？古斯的"暴胀"理论说："能！"不过暴胀理论还只是个理论，它要从对宇宙观测的数据中，摄取营养液才能生存发展，这营养液主要来自宇宙电磁微波。

　　到目前为止，我们一直谈论着宇宙电磁微波，好像天经地义大家都懂一样，然而，宇宙电磁微波到底是怎么来的呢？

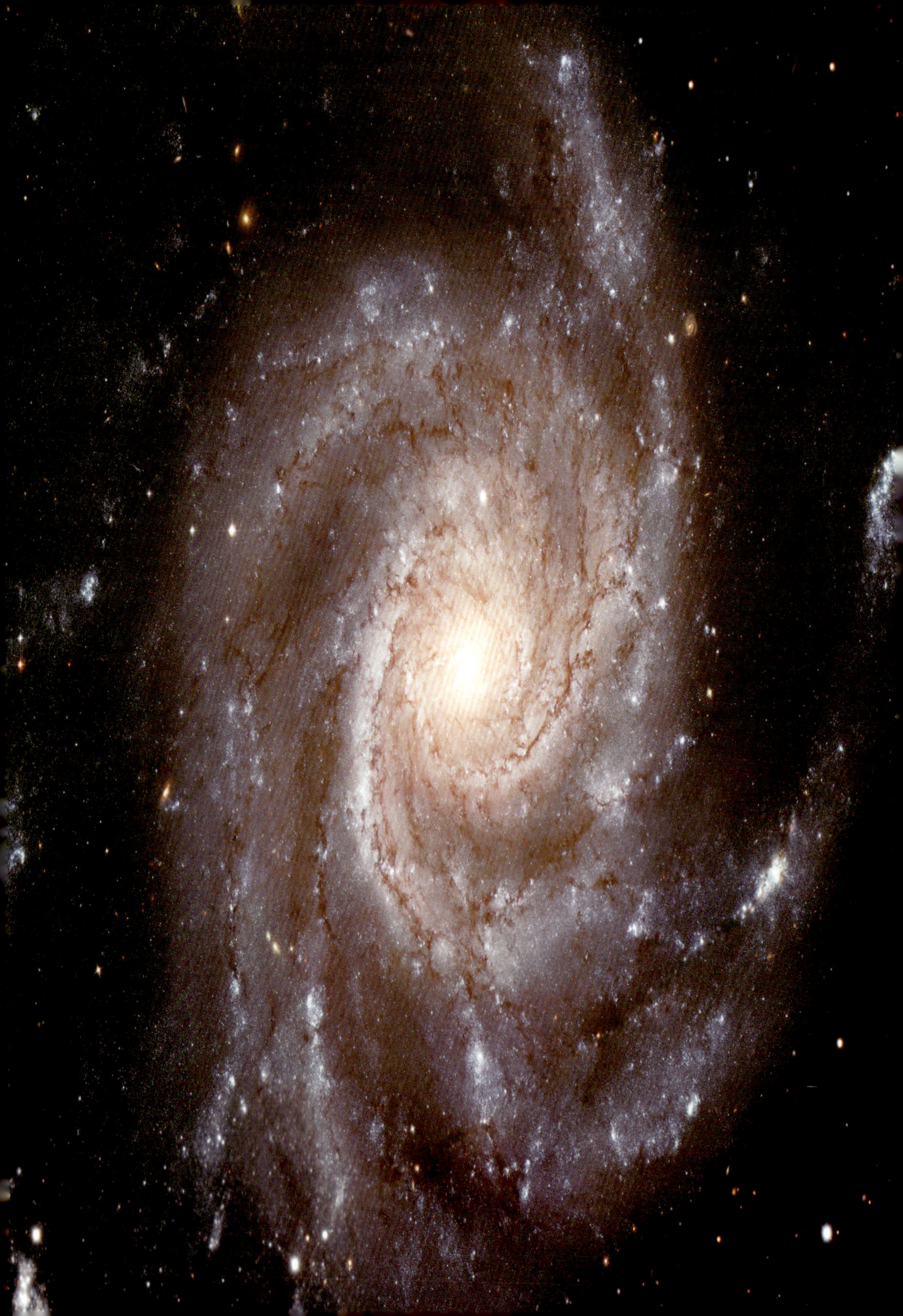

第五章
宇宙电磁微波

宇宙起源

先解释一下电磁微波。电磁波可依频率或波长分类,大略分七大区域。波长最短的有高能量的伽马射线和X射线,次有紫外线、可见光、红外线等,波长再长些的就是微波和无线电电波。微波频率为 10^8~10^{12} 赫兹;微波波长为 10^{-2}~10^2 厘米,或约从指甲厚度到人体高度。日常生活中的调频无线电(FM)和电视(TV)讯号,在低频率微波范围内。

宇宙电磁微波虽然被彭齐亚斯和威尔逊在1965年撞到大运,意外发现了,但如果从1965年才开始认识宇宙电磁微波,太晚了点,并且极不公平。

对人类理解电磁微波做出重大贡献的,直接、间接的全算在一起,不下十余人。

爱因斯坦虽然被牛顿误导,刚开始还认为宇宙应是静止的,于是在他1915年发表的广义相对论加上了宇宙常数。但在1922年,远在苏联的弗里德曼(Alexander Friedmann,1888—1925),没理会爱因斯坦的静止宇宙看法,就用广义相对论导衍出宇宙有收缩、平直和膨胀三种模式。20世纪两次世界大战,消息传播缓慢,各地科学家各自经营。同样的结论,在美、英两地,也先后独立出笼。勒麦特(Georges Lemaitre,1894—1966)在哈勃发现宇宙膨胀的1929年之前两年,就已经发表论文,认为宇宙是由一粒混沌的原子膨胀而来。哈勃之后,宇宙膨胀理论有了观测数据作为依据,气势如虹,做出最合理的推论:宇宙应有个起点。粒子物理学家,以20世纪30年代后迅速累积的高能量子物理知识,认为宇宙起点应是个极高能量的释放事件。

物理学家建筑在坚实逻辑上的推论,一般很难反驳。今天的宇宙比昨天的大,昨天的比前天的大,前天的比……一路推算到底,宇宙必然有个生日、起点,连上帝也挡不住。

核合成

宇宙的起点既然拥有了极高能量，肯定就能进行核合成（nucleosynthesis）。阿尔佛在 1944 年就开始思考这个问题。

他的想法简单地说，就是基本粒子（比如中子）可能先衰变成质子、电子和反中微子。经衰变形成的质子，再回头和没有衰变的中子，在极高能量下高速相撞，结合成氘的核子。然后氘再抓一个中子合成氚或抓一个质子合成氦-3 核子。氚再抓一个质子合成稳定的氦-4，或氦-3 核子再抓个中子，也合成氦-4。

氦再抓中子和质子各一，合成锂，锂再捉一个质子，合成铍……但在宇宙生日那天，核合成只进行了约 17 分钟。17 分钟后，宇宙膨胀过大，温度太低，已呈强弩之末，再也没劲一路合成下去。周期表上比铍重的元素，要等到星尘凝聚核变，发出第一道光后，才在星体内部依序合成。那已是 2 亿年以后的事了。

阿尔佛的博士论文，由中子先衰变成质子为起始点的想法，是不对的概念，他后来进行了修补工作。

核子合成步骤太繁杂，所要求的能和力的考虑也琐碎，一不小心就使人头昏眼花，心烦意乱。所以，我们不必太讲究细节，只要有个简单概念：重的原子核可由质子和中子相撞后黏在一起，核合成，即可。

20 世纪 40 年代，从对星尘的光谱分析，我们得知宇宙中氢和氦的质量比约为 3 比 1（75% 对 25%）。这个比例，不管在宇宙观测哪块地盘都一样。甚至连离我们最近的太阳，也含氢 73.40%，氦 24.85%。太阳已燃烧了 50 亿年，有些氢核已融合成氦，并在核心继续核变，产生微量重元素。即使如此，氢和氦的比例还是离 3∶1 不远。

这些比例神奇的氢和氦，是宇宙为了庆祝 138 亿年前的生日，特别制

宇宙起源

造出来为生日气球充气用的吗？

阿尔佛是第一个假设这些氢和氦是在宇宙生日那天制造出来的物理学家。他开始仔细地计算，宇宙中氢和氦的含量，需要在什么条件的物理环境下通过核合成步骤，才能在生日那天，制造出现代稳定的 3∶1 的氢氦量？从这个思维出发，他在 1948 年写出了他的博士论文。

论文的核心论点是，在核合成过程，如果没有光子的存在，在氘稳定合成后，所有宇宙中的核子，自然含有强烈的将核子总能量降为最低的原始欲望，有如氢弹中的氢燃料已被推到临爆点，在瞬间就会完全转变成氦-4，不会留下任何氢的核子。

所以宇宙生日那天，如果光子没被邀请出席，现代的宇宙应只含 100% 的氦和 0% 的氢，与现代宇宙观测数据不相符。

如果宇宙生日那天，光子出席了生日宴会，又会是个什么场面呢？

光子可不是好惹的客人。他一进屋，就掏出乌兹冲锋枪开火，手提机关枪横扫室内所有情侣鸳鸯。刚进门的也不放过，随到随打，绝不怠慢，把刚合成的氘核子即刻打散，不让他们在一块亲密结合，达到氢弹引爆时的临界状态。氘核子间缠绵太久，一颗颗小氢弹就爆炸了，就会快速产生出氦核子。光子的数量愈大，打散的氘鸳鸯就愈多，氦-4 核子这边就不会因太多产而一边独大。

简单来说，光子就是用来调节氢弹爆炸的力度的。宇宙中，只有光子能承担这个艰巨的任务。因为光子以光速狂奔，用它来做氢弹的开关，实属宇宙一级棒。

那么，要多少光子数量才能拆散足够的氘核子，使最终的氢和氦的质量比值为 3∶1，和我们目前观测到的宇宙氢氦含量一致呢？

答案是：每个核子要有 10 亿个光子来搅局才够。

所以，宇宙生日那天，每一个中子或质子客人，就得要邀请 10 亿个光子作陪。[作者注：目前主要理论认为，光子起源于等数目物质和反物质粒

第五章 宇宙电磁微波

子的同归于尽，在本书第七章〈不均匀〉中介绍。]

我们宇宙中的家当是固定的，宇宙形成后，一粒不能增多，也一粒不能减少。今天宇宙中我们看到的 10^{80} 个核子和 10^{89} 个光子，在宇宙生日那天就存在并固定下来。我们只是继承了宇宙遗产，世世代代总值不变。100 多亿年下来，没有一个朝代的宇宙政府抽遗产税，所以总值不变。

在宇宙大爆炸起动后的 3 分 46 秒，因第三者光子的参与和辛勤工作，为未来亢龙有悔的宇宙打拼，氢对氦总质量比例已为 3：1。3：1 的数值来自当时质子数和中子数的比例 7：1，或 14：2。2 颗中子和 2 颗质子结合，形成一个氦核，用掉 4 颗粒子。剩下的 12 颗粒子为质子，即氢核。氢质量 12 颗粒子，氦质量 4 颗粒子。12：4，就是 3：1（图 5-1）。

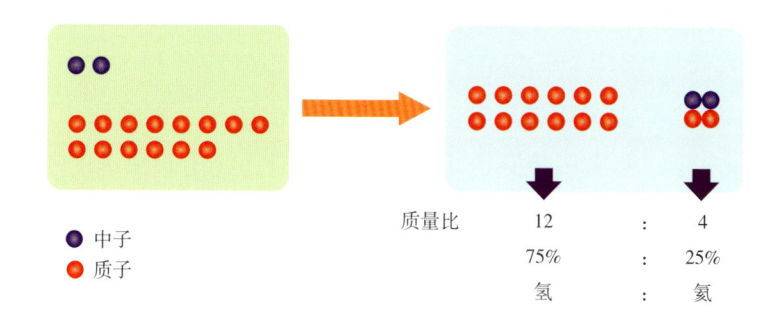

图 5-1 宇宙大爆炸起动后的 3 分 46 秒，温度约 9 亿 K，中子和质子以 1：7 的比例稳定下来后，迅速核合成占宇宙总质量 25% 的氦核子。现在宇宙中氢和氦总质量 3：1 的比例，就是它们在宇宙生日那天诞生的出生证明。

由核合成所需的能量估计，当时宇宙光子的温度应为 9 亿 K 左右（约为目前太阳核心温度的 65 倍）。宇宙继续膨胀，温度持续降低。此时的氢气核子间，即使没有光子来搅局，热恋之情，已呈"林花谢了春红，太匆匆"的失乐园局面。氢和氦分道扬镳，不再纠缠瓜葛，宇宙氢和氦总质量 3：1 的含量，自此就稳定下来。

宇宙起源

氢对氦总质量比例为 3∶1，一直充斥到我们目前的宇宙。氦占宇宙总质量的 25%，是氦在宇宙生日那天就诞生了的出生证明。

这个氢氦 3∶1 的比例，也表示在宇宙生日那天，每颗粒子带 10 亿颗光子出席。

宇宙生日那天，光子温度极高。100 多亿年后，因宇宙膨胀，现在的光子温度，也就是宇宙电磁微波温度，应已降至约 5 K。

所以，阿尔佛的博士论文已经埋下了理论的种子，预测宇宙电磁微波的温度约为 5 K！以事后诸葛亮的智慧来看这个数字，和 1965 年测量到的 3.5 K 比较，真是令人折服和震撼。

一般的博士论文最后的答辩，仅由论文委员会几位教授提问评分。但阿尔佛的博士论文答辩会，竟有 300 多人参加，连媒体也来了。答辩会只得移师大礼堂举行。《华盛顿邮报》(The Washington Post) 次日报道："宇宙在 5 分钟内起动"(World Began in 5 Minutes)。

阿尔佛的论文有瑕疵。宇宙应由等数量的中子、质子和 10 亿倍数的光子、电子、中微子等开始。最初的核合成是经由超快速的碰撞，而不是由中子变质子的衰变。这是因为自由中子衰变成质子的半衰期太长，约 10 分钟。创造宇宙的节目总共才 17 分钟，再过几分钟就谢幕了。还有，核合成在 5 个和 8 个两核子间有漏洞，不能依他的理论每次只逮一个粒子，以阶梯似连续节节攀高前进。宇宙生日那天，以从氢核合成氦为主，比氦重的元素的核合成步骤繁杂，宇宙在生日那天可能只合成微量的锂和铍，其他的做不出来。阿尔佛和他的同事仔细修正了 1948 年的论文，于 1953 年发表了修正版，将宇宙电磁微波温度估计上调至 28 K。即使温度提高了，但理论根据扎实，成为当代宇宙电磁微波预测的经典论著。

第五章　宇宙电磁微波

$\alpha\beta\gamma$ 论文

以论文答辩会的架势来掂量，阿尔佛学术生涯的起点相当高。但他的论文教授，也就是他的博导，因一个小幽默事件，搅坏了他一生本应是飞龙在天的事业。

博士论文通常要尽快在刊物上发表。阿尔佛也不例外，很快写好论文，交给老板审阅，准备提交。阿尔佛的博导加莫夫（George Gamow，1904—1968），当时已赫赫有名。他一看论文的作者名阿尔佛在先，他在后，突发奇想，想幽默一下。阿尔佛姓前缀为 A，是希腊第一个字母阿尔法（Alpha，α），而他自己的姓前缀为 G，是希腊第三个字母伽马（Gamma，γ）。如在一、三之间加上希腊第二个字母贝他（Beta，β），那就成了整齐的 $\alpha\beta\gamma$ 论文，比较好玩。于是加莫夫就擅自做主，把对论文毫无贡献的大师级贝特（Hans Bethe，1906—2005）的名字加上。

阿尔佛的博士论文，以"化学元素起源"为标题，于 1948 年 4 月，发表在《物理学报》（*Physical Review*）上。他马上和另一位同事，在一个月内延伸了这篇原始论文数据，又写了一篇论文，发表在同一刊物上，预测宇宙电磁微波温度约为 5 K。

"化学元素起源"论文刊出后，贝特接到加莫夫寄来的拷贝，有点惊奇，但并未抗议。就这样，阿尔佛辛勤研究成果，成了一篇三位作者联名的 $\alpha\beta\gamma$ 论文。

但对阿尔佛而言，他的两位共同作者当时都已名震天下，而他只是个刚出道的无名小卒研究生。读 $\alpha\beta\gamma$ 论文的学者，恐怕都会认为论文原始想法，全是从 $\beta\gamma$ 两位作者来的吧！

而贝特因这篇论文的启发，开始钻研比铍更重的化学元素，在星体核心核合成步骤有很大的贡献，于 1967 年获诺贝尔奖。

宇宙起源

1953 年修正版论文发表后，阿尔佛到处演讲，宣扬宇宙电磁微波预测，但他已被认定人微言轻。还有，宇宙电磁微波太弱，恐怕量也量不出来，更何况普罗大众热衷的还是占星术，宇宙那么大、那么老，谁能量得准？

αβγ 论文的确为阿尔佛种下了人生的苦果。他心灰意冷，1955 年脱离宇宙学术研究，转职通用电器公司（General Electric Company）。

连锅端

岁月前行。狄基小组的研究生皮布斯（Phillip Peebles，1935—），在毫不知情的情况下，又独立计算了几乎 15 年前阿尔佛论文中有关宇宙电磁微波强度的内容。1964 年，威尔金森并在普林斯顿地质系阳台上，架起一个液态氦制冷的小天线，开始寻找宇宙最原始的电磁微波讯息。

这是行内人分内该做的研究。但由阿尔佛 1948 年的论文起算，宇宙高能物理学家，以观测手段来寻找宇宙电磁微波，起步已至少耽误了 15 年。

1957 年 10 月，人造卫星上天，又是人类文明的再一次飞跃。

20 世纪 60 年代初期，美航太总署先后发射了两枚巨大的"回声号"（Echo）气球卫星，为远距离的地面微波通讯站提供了高挂在天上的中继反射面。为了使用这两颗卫星，贝尔实验室在 1959 年兴建了一个巨大的号角型天线（Holmdel Horn Antenna），总长度 15 米，抛物曲线信号收集面长 6.6 米，方向分辨力强。天线的接收器设在 7.35 厘米波段，由液态氦制冷，温度可降至 2.2 K 以下，在当代是世界上最灵敏的太空电磁微波侦测大耳朵。

在卫星上天前，人类的无线电天线一般都指向地平线方向。现在可好，在天上运转的"回声号"，从地平线升起，快速划过天庭，几分钟后，在相对的地平线陨落。天线也要在几分钟内，紧追着在天上运转的卫星，调整接收方向，无线电通讯的游戏规则和以前不一样了。

第五章　宇宙电磁微波

天线既然能指向天顶，并轻巧灵活、转动容易，彭齐亚斯和威尔逊这两位贝尔实验室的无线电天文学家，就乘机提出收听银河系微波讯息的计划。

天线能准确测量到银河系微波之前，首先要做的是消除天线的电子杂音。换句话说，就是要先校正天线的灵敏度。

银河系呈盘状，直径约 10 万光年。盘中央明亮突起，为众星体高度集中之地，肯定无线电波嘈杂，分析数据困难。

于是，两位无线电天文学家就决定将号角型天线指向与银河系盘面垂直的方向。太阳系位于猎户旋臂三分之二处，离银河系中央有一段距离，属银河系的安静区域。天线指向与银河盘面垂直方向，天上传来的讯号应该最弱，是校正号角型天线自身电子杂音的最佳安排。

两位无线电天文学家的要求不高，只想把天线自身的电子杂音消掉。但前测后量，左旋右转，始终有那么一丁点的杂音，顽固作响，拒绝被消音。

第一个直觉反应，杂音可能还是来自天体，可是避掉了明显的天体后，杂音仍然存在。杂音或许由地球上遍布的无线电台而来，尤其是纽约大都会，地处近邻，无线电波可能经大气折射，误入天线，于是他俩又转动天线，先对准大气最厚的地平线方向，然后再转对大气最薄的天顶方向，结果杂音强度并无变化，吱吱如故。

天线位处室外，在新泽西州的野外。小动物打食逃命，天线侵占

图5-2　彭齐亚斯在号角型天线内部粘补空隙，威尔逊在旁加油打气。（Credit: Bell Telephone Laboratories）

了它们的地盘，偶尔溜进天线内部侦察地形，甚或躲雪取暖、发情交配，也都不在意料之外。两只野鸽子竟然在天线内部筑巢孵卵，安家过上了小日子，只好把鸽子抓住，送到远处放生。

鸽子留下的排泄物，一般属于介电（dielectric）材料，为半导体，电子可在其中活动，产生杂音。两位科学家只好把天线先擦后洗，再拆散重装（图 5-2）。几天后，放生的鸽子又飞回来了，这次只得用强制手段，让它们永远消失。询问详情，两位科学家的回答一致："我心软，是他干的！"

两只鸽子为人类科学壮烈牺牲后，杂音依然不弃不离。

这个杂音不分方向，全天候 360 度铺天盖地而来，强度一致，测量 9 个月期间内始终不变。以温度估计，约为 3.5 K，在天线设计的灵敏度之内。量到的是真的讯号，没问题。

3.5 K 的估计，是电子工程师的专长，需要杂音功率和频宽数据才能计算出来。这些专业知识，在此略去，只要知道他们估计出的这个诡异的杂音温度在绝对温度 3.5 K 附近，是真的讯号就够了。

这两位无线电天文学家，并不知道阿尔佛在 15 年前，已呕心沥血，以理论追寻宇宙电磁微波的那段辛酸历程。然而，他们只想量一量银河系的微波讯号，别人的想法，不知道，也不认为自己需要知道。这个杂音也真够奇怪，不仅从天上每个方向滚滚涌来，并且强度一致，怎么回事呀？

两位专家开始伸出触角，向同事咨询。科学家们一般分工特别细腻，隔行如隔山。顶级专家即使在全世界范围内，也可能只有几位是可以谈得上话的学术知己。世界级专家，行外人看不到，全是隐形人。

彭齐亚斯有一次打电话给麻省理工学院同事谈别的事。这位同事说，他刚听他的另一位同事在某大学听演讲时，一不留神，听到另一位同事说，他在霍普金斯大学听狄基研究小组的皮布尔斯演讲时提到，大爆炸时宇宙电磁微波至今仍应荡漾，强度在 10 K 左右。这位麻省理工学院的同事，知道彭齐亚斯正在量大耳朵天线的杂音温度，就乘机过问近况如何？彭齐亚斯据实汇报，一切进行顺利，就是杂音顽固，消不掉，更不知从何而来。这位同事建议，去找普林斯顿的专家谈谈，他们可能会有看法。

彭齐亚斯和威尔逊一起拨电话给狄基，几分钟内，100多亿年前宇宙大爆炸时产生的电磁微波，就迅速地在人类文明中现形。

狄基当然知道这个发现的厉害。从以后科学历史的发展来看，他们几乎到手的诺贝尔奖荣耀，的确被彭齐亚斯和威尔逊连锅端了！

彭齐亚斯和威尔逊以"在4080兆赫兹的超量天线噪音测量"为题的论文，在1965年7月的《天文物理期刊通讯》（Astrophysical Journal Letters）上发表。

4080兆赫兹的电磁波波长为7.35厘米。文中仔细描述测量噪音的技术过程，但对此噪音的来源，仅用了26个字，提醒读者去参阅另一篇同时刊登在这个刊物上由狄基等执笔的论文，标题为"宇宙黑体辐射"。

虽是宇宙电磁微波的行外人，但彭齐亚斯和威尔逊的意外发现，在人类文明发展史上，分量超重，两人获颁1978年的诺贝尔奖。

为而不争

诺贝尔物理奖通常颁发给三个人。1978年的第三位获奖者为卡皮察（Pyotr Kapitsa，1894—1984），因发现液态氦-4超流而获奖。

1978年的第三个名额，科学界咸认阿尔佛应为最佳人选。科学界的共识常与诺贝尔奖评审委员会相左，但只能事后表达看法，没有决定权。

得奖前，彭齐亚斯和威尔逊皆不提阿尔佛的贡献。得奖后，大局已定，彭齐亚斯才找阿尔佛长谈，并努力为他正名，企图弥补他应得的荣耀。可能因为极度忧郁沮丧，一个月后，阿尔佛心脏病突发，病情一度甚为严重。后来病体才逐渐康复。

直到50多年后的1999年，阿尔佛还耿耿于怀他的博导对 α β γ 论文的草率处理态度。公平客观地说，这件事加莫夫办得实在有点不大靠谱。

2006年诺贝尔奖又颁给宇宙微波项目。此时的阿尔佛，阅尽银河风浪，内心已超脱出困扰了他一生的痛苦煎熬，悟浮生、淡浮名、心太平，达到了"圣人之道为而不争"的修养境界。第二年，他就去世了，享年86岁6个月又9天。除了诺贝尔奖外，阿尔佛其他大奖全拿。盖棺论定，他被学术界誉为"大爆炸之父"。

宇宙电磁微波以观测数据，奠定了宇宙大爆炸的理论基础。

大爆炸

"大爆炸"一词，出自另一位宇宙核合成专家霍伊尔（Fred Hoyle，1915—2001）。霍伊尔对一些重元素复杂的核合成步骤比如生命赖以生存的碳，有一定的贡献。英皇室还给了他一个爵士封号。虽专攻核合成，但他认为目前膨胀宇宙中的天体永恒连续存在，宇宙随时会为自己添加新材料，并一路添加一路膨胀。重要的是宇宙并不是由一个小丁点大爆炸出来的，宇宙没有出生时地。所有重核子，包括氦，皆是在星体核心形成的。1950年，英国广播电台（British Broadcasting Corporation）采访霍伊尔时，他嘲讽膨胀宇宙是由"大爆炸"中出来的，像"黑洞"（black hole）一样，因媒体喜爱而沿用至今。

氦在星体内部核合成的速度缓慢，但我们宇宙的氦竟达25%，存量丰富。我们的太阳已燃烧了50亿年，但氢燃料最多只用了不过几个百分比而已。如果氦全是由星体内部核变产生，所释放出来的能量太大，恰如四分之一宇宙大小的氢弹爆炸，目前在宇宙中并无此能量存在的痕迹。霍伊尔的解释是所有能量都用在星体光谱红移上了，但他其实说不清楚为什么宇宙的氦蕴藏量会如此丰富。1965年宇宙电磁微波被发现后，像是骆驼背上最后的一根稻草，霍伊尔的宇宙永恒说从此销声匿迹，永远出局。

其实，宇宙中的电磁波（即光子）与大爆炸同步出现。大爆炸后 3 分 46 秒，因光子的存在，中子和质子的比例，被调整至 1∶7，并就此稳定下来，开始核合成占宇宙总质量 25% 的氦。此时光子数量为核子的 10 亿倍。宇宙再膨胀，电子数量也稳定下来，最终和质子数相同。

中微子在大爆炸 1 秒钟后就开始自由荡漾。其演化历史，自成王国，在此略去。

声波振荡

光子、电子、质子和中子，另加暗物质等，形成了宇宙原始等离子体体系。因大爆炸暴胀时的量子起伏，种下了物质不均匀分配的种子，引起光子和电子发生挤推现象，在等离子体中产生了声波振荡。

声波在原始等离子体中一直振荡着，宇宙温度降到 3000K，带负电的电子的速度已慢到了可以让带正电的质子逮个正着，电一正一负，被抵消了。等离子体体系，也就是整个宇宙，也一起全没电了——时为大爆炸后的 37.6 万年。

宇宙没电了，光子不再有电子挤推，自由了。光子踏上自由生活的那一瞬间，不堪回首地以电磁讯号，记录下那禁锢它振荡了 37.6 万年之久的宇宙天空，然后跟随膨胀的宇宙同步起舞，138 亿年后，被人类用大耳朵无意中听到。所以，目前我们侦测到的宇宙电磁微波讯号，是大爆炸后 37.6 万年的宇宙振荡所留下的天空形象录像。这是人类目前拥有的最古老的宇宙科学数据。中微子有潜力击碎这个纪录，把宇宙观测数据推到大爆炸后 1 秒钟。

有一个问题要提出来。这幅宇宙 37.6 万年时振荡的天空形象，在 138 亿年中受到过污染吗？

宇宙在138亿年中演化凝聚成型。在大爆炸后的2亿年射出第一道光。随着星体继续核变演化，光的能量内涵可能极为丰富。这些2亿年后由星体出发的光子会干扰37.6万年时出发的光子吗？

干扰与否或程度深浅，是目前专家活跃研究的"再离子化"（reionization）课题。总的说来，干扰肯定是有的，但并不厉害。宇宙清脆的婴啼仍然清晰可闻，只是偶尔混杂些隔壁房间传来的成年人低沉的噪音。

宇宙电磁微波中含有超均匀、宇宙凝聚的种子和宇宙平直的讯息。在宇宙电磁微波出现后，狄基马上认定，这类全方位超均匀的微波应由黑体辐射而来。他又预测，我们的宇宙应是平直的。

贝尔大耳朵只在单一的7.35厘米波长处接听杂音，距离能勾画出黑体辐射全貌还有一大段差距。狄基等人在1965年7月的论文中，抢先发言，信心满满，并干脆以黑体辐射为题，单刀直入。美国纳税人还要投资近亿美元，才在25年后搞定宇宙黑体辐射。

黑体辐射现象对19世纪末的科学家来说，是重大的攻关项目；但对20世纪的专家来说则简单易懂，一般物理学家都能做此预测。相比之下，依20世纪60年代人类拥有的天文数据，一般物质加暗物质只够平直宇宙条件的32%，其他68%尚未现形。所以，宇宙平直的预测为超前卫之举。但狄基深信宇宙是爱人类的，既然已给出平直的32%，何不就痛快地全给出来，到平直的100%？

这类预测，如果由年轻时期的阿尔佛说出，肯定没人理睬。但出自大师狄基之口，大家就得俯首帖耳了。

从目前宇宙观测到的3∶1的氢氦质量比，我们推论138亿年前宇宙生日那天，光子一定得出席，并且数量巨大，为粒子数的10亿倍。现在的宇宙电磁微波，是当年光子老化后的形象。光子是纯能量。如果爱因斯坦的 $E=mc^2$ 是对的，放诸宇宙而皆准，那光子应是宇宙最终极的能量。有人会问，重力波也是纯能量，在大爆炸高能量的环境下，它的量子孪生兄弟重力子（graviton），参加了那天光子以乌兹冲锋枪扫射的生日派对了吗？重力子可能在场，但却忙着和暗物质打交道或做其他事情。

理论极限

本书到此，只提到宇宙在 3 分 46 秒时的温度为 9 亿 K，氢开始核合成氦。比这高的温度，光子更带劲，但就要引进更多令人心烦的物理。人类理论极限的温度为 1 亿亿亿亿（10^{32}）K，称普朗克（Planck）温度。其他还有普朗克时间，一千亿亿亿亿亿分之一（10^{-43}）秒；普朗克长度，十亿亿亿分之一（10^{-33}）厘米等。这些数字，已经大或小到极不好玩的地步，但它们是人类物理理论的极限。

人类无知的领域辽阔，比天外天还大。想要多懂些宇宙，只能从我们已经知道的地方切入；人类比较懂得黑体辐射，就由这里切入吧。

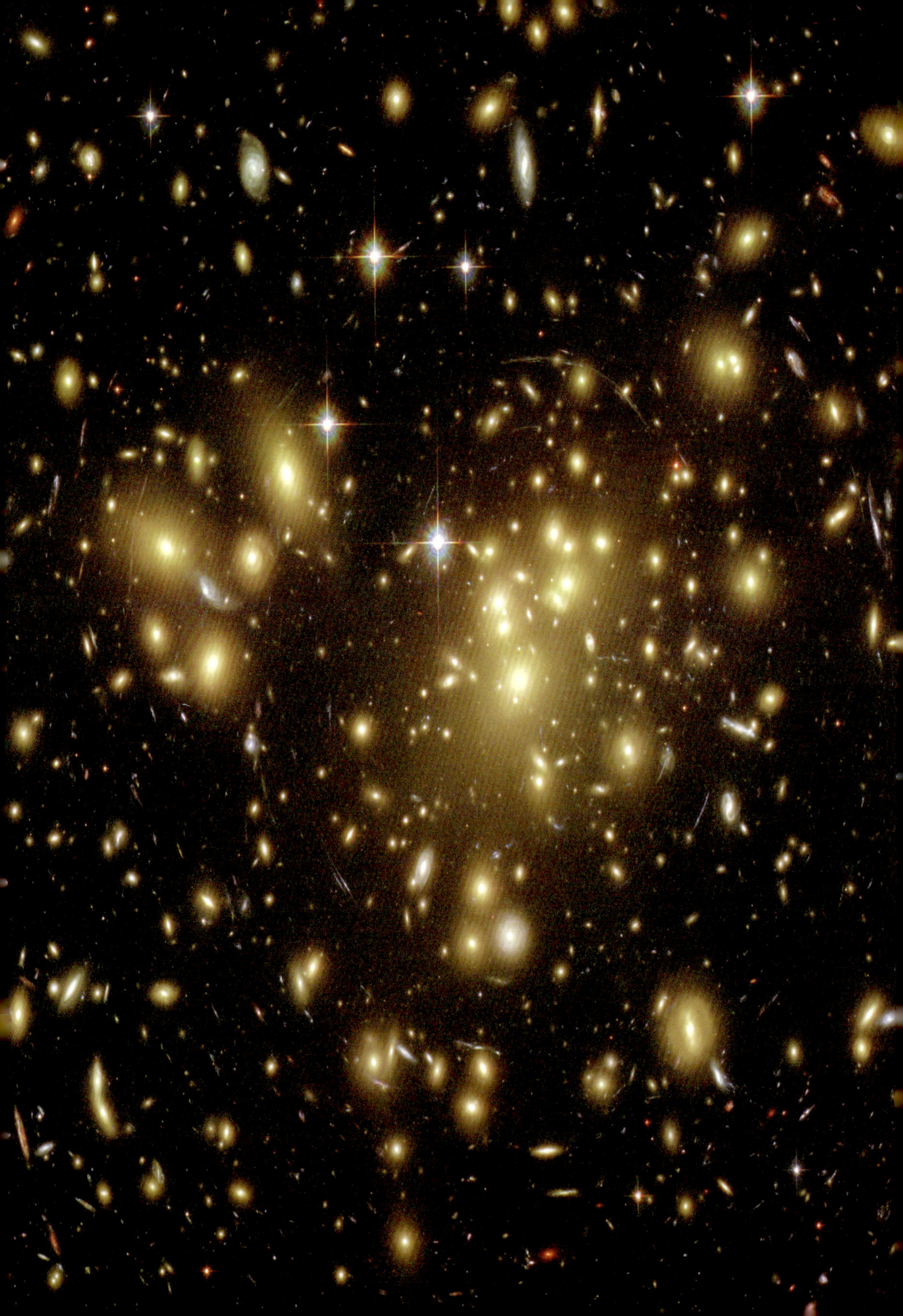

第六章
黑体辐射

宇宙起源

狄基认为宇宙微波背景辐射，应是黑体辐射。

一般人对辐射较有亲身经验。比如晚上在露营烤篝火时，红外线热流轻柔地扑面而来，让人觉得好温暖；夏天太阳毒烈，晒得令人难耐；礼堂集会，每个人的身体都在散热，坐得太近，很不舒服。篝火、太阳、人体都是有温度的实体。其实在自然界，只要有温度的东西都会放出辐射能。而宇宙中，除了极为少数的黑洞外，几乎没有接近绝对温度为零的物体。即便黑洞，也因在绝对零度附近的量子起伏，温度也不是绝对零度，所以黑洞也会辐射。

宇宙中的所有材料都有温度，就引起了物体内部所含的电子发生振荡，或电子间互相碰撞，激发出电磁波，也就是光子。物体本身就像天线一样，把这类电磁波以光速发射出去。

一个物体辐射能力的高低，是它内部电子结构的整体表现。辐射能是电磁波，电磁波有特定的强度和波长；除非特殊设计，一般辐射能不像激光，会把所有能量全集中在一个波长。每天接触到的辐射能含有许多不同的波长，视物体本身的特殊性质而定，不同波段的辐射强弱也各有不同。宇宙中各类材料繁杂，电子结构五花八门，数不胜数，自然是梁山泊108条好汉，各显辐射神通，不在话下。

不过，辐射只是物体性质的一部分。一个物质除了会辐射光能外，还会吸收光能、反射光能，甚至会让部分或全部的光能透射。

辐射、吸收、反射和透射度，就组成了一个物体和周遭电磁波环境互动的完整图像。物体永远被有温度的环境全面包围，也永远浸淫在周遭电磁波辐射的环境中。有时还会有特殊的电磁波来访，物体就或吸收或反射或让其透射。而辐射部分，则是全天候折腾，没有午休，没有年假，马不停蹄，永远进行。

第六章　黑体辐射

错综复杂

与辐射一样，物体吸收、反射和透射的特性，也和光能的波长关系密切。一个物体可能吸收某波段的电磁波，但对别的波段则完全拒绝；有些也只让特定的波段透射，以外的全部挡回。物体表面对光波的反射，也有选择性偏好。物体对一个波长的吸多强、反多烈、射多透，再加上永无间歇、个性突出的辐射，一种错综复杂的混淆局面就油然而生。

举两个例子来说明：

窗子所以使用玻璃材料，是因为玻璃不吸收人类物种可见光电磁波段的光子。不吸收的原因，不难理解。玻璃中有许多电子，但这些电子都被原子捆得牢牢的，动弹不得。电子不能自由活动，就无法出来阻拦光子。光子未被挡住，就肆意穿透玻璃呼啸而过。于是，玻璃就透明了。

至于为什么人类的视网膜只对那么一个狭窄的电磁波段敏感？那就得去问达尔文（Charles Darwin，1809—1882），只有他知道。

但如果把玻璃加热到高温，就能使被捆住的电子松绑，产生些自由电子。此时可见电磁波段的光子被这些电子挡了下来，护照签证全部没收，过不了海关，玻璃就不再透明了。

与玻璃不同，金属中有很多自由行电子，导电导热是它的专长。如遭光子入侵，能引起瞬间电子集结，全力反击，把光击退。被击退的光子，通常由特定的方向，也就是日常所说的反射光方向逃逸，留下白花花一道刺眼的光芒。

宇宙间绝大部分的物体，因长时间与周遭环境交换电磁能量，一般都能到达温度稳定的程度。如地球均温为 254.4 K（零下 18.8 摄氏度），太阳 5777 K 等。

太阳是个等离子体大火球，结构简单。用理论计算出太阳表面温度为

5777 K，与观测数值接近，争议不大。但地球结构复杂，南北极有冰帽，近75% 的地表为海洋，反射面大，所以理论计算后，还要加以修正。地球均温零下 18.8 摄氏度，是一个修正后的理论计算数值。地球的实际情形，要比理论修正后的更为复杂。比如大气反射吸收特性以及现代氟氯碳化合物气体在南极洲上空凿了一个臭氧大空洞等。加上这些考虑后，有些计算值可高估到地球均温为 14 摄氏度，比修正理论值高出了近 33 摄氏度之多。

地球和所有物体一样，对光能有辐射、吸收、反射、透射等动作。近些年全球变暖现象所以严重，可能是人类闯的祸，大气自然辐射吸收反射透射性质转化，使地球吸收热多，辐射热少。热能闷在大气中，形成温室效应，使地球温度正在向另一个温高的平衡点靠拢。

在恒温下的物体，不管在哪一个波段吸收光能，总得在相同、有同有异，甚或完全不同的另一波段辐射出去。物体对不同波段电波的处理，好恶不一，所以吸收进来和辐射出去的波段也可能不尽相同。但不管物体自身如何处理，它们一定得遵守一个热力学的基本大法，那就是：吸收多少总光能量，就得经由辐射释放等量光能量，物体才能温度不变。否则，物体不是热瘫了，就是被冻僵。

清　场

物体的吸收、反射和透射三种性质和辐射搅在一块，再加上物体本身的电子结构，对不同电磁波段的好恶，错综复杂，变数太多，令人类头昏眼花，急需清场，整理出一个头绪。

我们每天 24 小时永无休止地被周遭物体的辐射能包围着，了解物体的辐射特性当为第一要务。

清场的第一步，先把透射部分拿掉。

既然光可以穿透物质，那就量身定做相应匹配的物质，以提供这类特

第六章 黑体辐射

定的电子性质使光能穿透物质，如玻璃。只是因为玻璃能让可见光穿透，使人类能够在有空调的室内，舒适地欣赏窗外的风花雪月、良辰美景，赢得了我们青睐。很多别的物质，也能让紫外线、红外线等穿透，但引不起人的注意。透明物质材料的电子性质，成千上万，非常复杂。并且，对这类光可以透射的物质，电磁波只是过客匆匆，不留下任何能量。对于这个只是玩闹不担责任的电子性质，在清场整理裁员的名单上高居榜首。

再来研究反射。

所谓反射，就是物体的自由电子，挡住了外界光子的去路。外来光子冲不破物体表面自由电子的防线，只得如擦边球，以特定的角度反射而去。在这个反射动作中，光子没留下能量给物体。消灭物体的反射能力，应居裁员第二顺位。

清场整理后，只留下物体的吸收和辐射性质。纯吸收和纯辐射的物质，电磁行为最简单。

外界的光子穿不透，又无反射现象的物质，存在吗？

这类物质，一定不得有自身特定的电子结构，譬如祖母绿般的单晶，也不得有太多自由电子，把门关死，阻挡所有的光子进入。

物体不反射光，不让光透射，还能完全吸收光，这类物体看过去一定呈黑色。在实验室里，将这个物体维持在固定温度，它就在那个温度四面八方散射出电磁波。因为没有穿透和反射的干扰，这种物体是吸收多少能量就释放多少能量，收支持平。它的波段强度、吸收和释放，严丝合缝。也就是说，在哪个波段吸多少能量，也就在哪个波段辐射出等量能量，一丝不多，也一滴不少。这类黑色物体就是黑体。

黑体的电磁性质最简单。它的辐射，就是黑体辐射，只和黑体所拥有的温度有关，是最简单的辐射。要懂得辐射物理，就得先研究黑体辐射。

在宇宙中进行核融合的星体，一般极接近黑体性质。以太阳为例，太阳是一个温度极高的等离子体球，内含多种带电的轻核子。在高温下，晶体结构不复存在，各类带电核子无拘束地互相乱撞。太阳的外层构造较复杂，有一个处于高温的等离子体液面，上有大气，对着的是太空高真空，热能 360 度辐射出去。失去的能量，由核心的氢核融合成氦的氢弹爆炸工厂补充。自有人类以来，太阳表面的温度就平衡在 5777 K。

太阳的氢核融合工厂终有一天会熄火，温度终会降低，但那已至少是 50 亿年以后的事了。现在的太阳，是一个非常接近黑体辐射的星体（图 6-1），正值青春鼎盛、日正当中的金色年华。

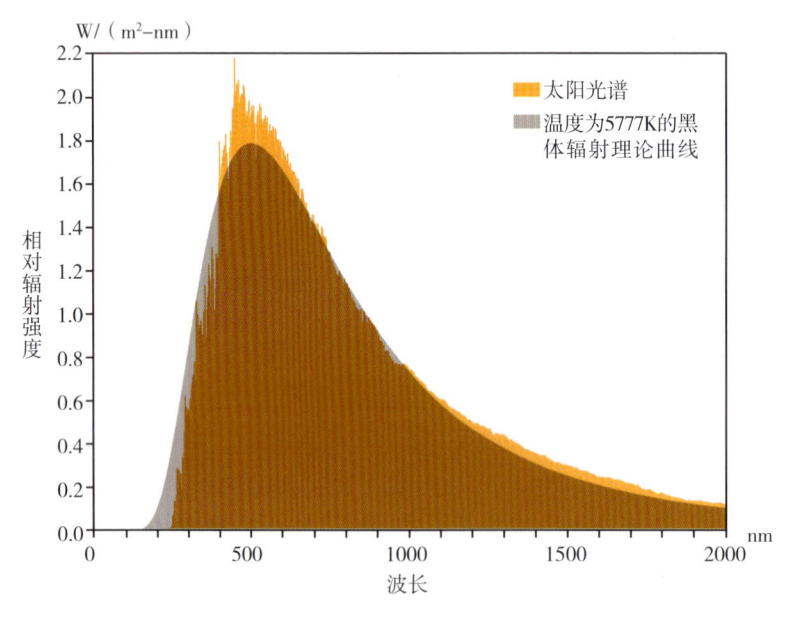

图 6-1 太阳的辐射很接近黑体辐射

在宇宙中另一类具有黑体性质的天体，就是黑洞。黑洞并不全是因重力场太强，脱离速度超过光速，连光都逃不出来，就一定是黑体无疑。在这种思维下的黑是一路黑到底，没有辐射。因为辐射要搭乘光子才能从星体散射出来，连光都逃不出来，何来辐射？但黑洞由量子力学的测不准原理主导，也是会辐射的。宇宙中不可能有绝对温度为零的天体，因测不准原理要求在绝对温度为零时，产生量子起伏，令黑洞也有温度。有温度，就有辐射。有辐射，就损失能量。能量经爱因斯坦的 $E=mc^2$，可以转换成质量。所以，损失能量，就是损失质量。假以悠悠万古时，黑洞终有一天，也会因黑体辐射，蒸发殆尽。

其实测不准原理严密看守每个温度，没有绝对零度，也没有绝对 7 度、没有绝对 888 度、没有绝对真空、没有绝对位置、没有绝对速度、没有绝对时间……没有没有没有，量子的测不准原理统统管，全包了。

虽然量子的测不准原理统统管了，但管的力度有强有弱。在自然发生的现象中，它对宇宙起源的零时，宇宙空间的真空和宇宙绝对温度的零点，管得最严实。比如在宇宙起源的零时，因时间的精确度太高，只得把所有测不准的幅度拨到了能量这一边。引起宇宙起源大爆炸和其中最关键的暴胀能量，就是在测不准原理下，从力度强大的量子能量震荡而来。这又是一大篇道理，在此略。

现代高科技纳米技术，可制造出对雷达电磁波完全吸收的纳米碳管黑体。这类材料已被广泛使用在隐形飞行器甚或舰体表面。之所以能隐形，是因为被黑体完全吸收的雷达电波，一部分变成热能，使黑体增温，剩下的电波虽然还是得辐射出去，只是方向和进来的不同，大幅度降低反射波在进来方向的横截面面积。雷达反射波横截面的面积小到侦测不到，飞机或舰体就隐形了。

最简单的人造黑体是把炭火的烟，熏在一个平面上。烟熏出来的黑炭薄膜没有晶体一类的电子结构。它有些自由电子，但比金属少很多，属半金属材料，数量足够全吸收外来电磁波，但成不了大规模集结反射的气候。所以，这类薄膜就无反射、无透射，只剩下吸收和辐射电磁性质，故为黑体。

19 世纪末期，电磁学蓬勃发展，设计和理解不透射又不反射的物质，成了人类在物理上一个重大的攻关项目。当代的物理学家在实验室里，巧妙地制造出一个黑体。它是一个六面体，把中央掏空，只留个超小细洞。由小

宇宙起源

洞处把光子射进去。光子进去后，里面空荡荡毫无一物，没有任何所谓的特殊电子结构，只能在六面墙壁间来回反射，激起墙壁上的自由电子振荡，辐射出电磁波。而辐射出的电磁波，要找回那唯一超小的细洞逃逸出去的可能性很低。光进去了，但出不来，这个装置就成了黑体（图6-2）。

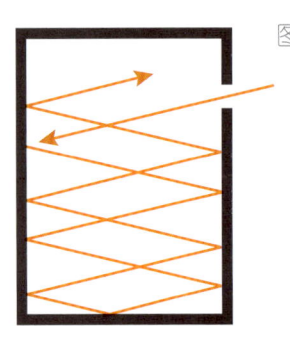

图6-2 在实验室中设计出的人工黑体。光子由右方超小的细洞进入后，在盒内来回反射，要找回那小细洞逃逸出去的可能性很低。光子进去了，但出不来，这个装置就成了黑体。

也可以把这个人工黑体维持在一个固定温度，比如说，绝对温度500 K，物理学家就可以使用它，在微小细洞处，来实际测量在这个温度下黑体的辐射性质。量完500 K，加热到600 K再量。再换个固定温度，或高或低，最终把在不同温度的黑体辐射性质全部测量出来。

用这个黑体测黑体辐射，得瞄准从那个超小细洞逃逸出来的那一点辐射能，以光谱仪来决定其在某波段的辐射强度。因逃逸出来的辐射能量低微，不会影响黑体温度。

曲　线

19世纪末的物理学家，辛勤工作了数十载，终于把黑体辐射的曲线找出来。

这条黑体辐射曲线，不管在哪个固定温度，形状皆类似（图6-3），好像人类形体，无论老小，都出自同个模具。下面是用一个固定在某个温度的黑体，从波长最长的那个方向，也就是低频率电磁波波段开始，测量出来的黑体辐射曲线。

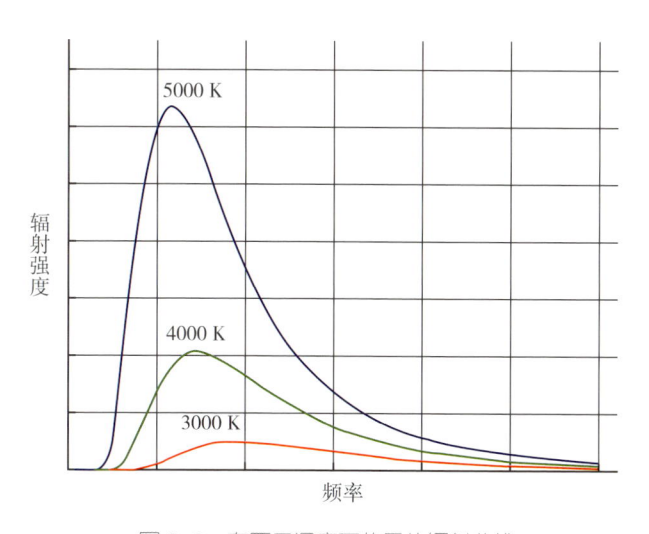

图 6-3　在不同温度下的黑体辐射曲线

在频率极低、波长极长波段区域，即图 6-3 的左方，黑体辐射几近乎零。往频率高、波长短的右方方向前进，辐射能量渐增，在某频率或波长达到极点。再继续往频率高、波长短的方向推进，辐射能量由巅峰点开始下滑。频率愈高、波长愈短，辐射能量愈低。最终在极高频率、极短波长处，辐射能量降到零。

所以，这条曲线分成两个区域，以巅峰处划分成低频、长波和高频、短波两部分。

19 世纪末的物理学家解释低频、长波区域没问题。波长太长，长到黑体盒子内部都装不下了。黑体盒子内无法安置这部分长波长的能量，自然就辐射不出去这部分波段。

使用同样的思维，也可以解释辐射能量在低频或长波波段继续攀升的现象。波长变短、频率变高，在黑体盒子内活动逐渐活跃。波长愈短小，在盒内愈灵活，盒子里这波长的能量就愈高。辐射能也随着波长变短、频率变高，而节节攀高，往高处不断攀登。继续用同样思维推理，结果就是辐射能往高频率、短波长方向迈进时，能量应愈来愈强，欲罢不能，没有刹车机制，停不下来！

停不下来的结果，就是黑体盒子要辐射所有高频率、短波长波段的能量，没有上限，最终只能以紫外线灾变（ultraviolet catastrophe）收场。

19 世纪末的物理学家只知可见光谱之上有紫外线，X 射线和伽马射线尚未现世。否则，这个超标辐射能肯定被称为伽马灾变。

但仁慈的大自然，硬是在紫外线灾变出现前，紧急刹车，将高频率的辐射能转向、减弱。

变弱是好事，至少人不会被黑体辐射的紫外线烤焦。但问题来了：走得好好的，怎么半路停车了？如何解释呀？

解释黑体辐射在高频率、短波长区域开始神秘下降，是对当代物理学家巨大的挑战。

量子世纪

普朗克（Max Planck，1858—1947）是第一位以理论导引出黑体辐射完整公式的物理学家，和实验数据完全吻合，适用于所有频率或波长——时为 1900 年 12 月。

公式虽然好用，但普朗克对曲线高频率部分却极不满意。他自我批评："那是看着实验曲线，用数学硬凑出来的！"

数学硬凑的部分，牵涉一个当时看来相当荒谬的假设。普朗克认为，高频率部分，电磁波变质了，不再是传统的波动，而是像一粒粒高能量的子弹。但遗憾的是，普朗克到此止步，就忙着以数学去凑黑体辐射曲线，没再向量子概念推进。

第六章 黑体辐射

有些历史学家把开创量子世纪的功劳，全给了普朗克。虽然他的黑体辐射公式的确含有量子力学的主要内涵，但他只是用天才型的原始数学威力，导引出符合黑体辐射实验观测曲线的公式。贡献虽巨大，但尚未跨出量子物理最关键的一步，离开山鼻祖还差一点。

1905 年，爱因斯坦以古典气体理论，重新导出普朗克黑体辐射公式，并明确认为气体原子热振动能量，被量子化（quantized）后依特定量子概率的比例（即能量愈高，量子形成的可能性愈低）循序出现。至此，量子力学才正式登上舞台，成为 20 世纪人类重大的科学发现。

黑体辐射曲线的高频率、短波长部分，只能用量子概念才解释得通：高频率能量的电磁波被量子化了，只能以几个有限能量的光子供应。愈高能量的光子，以量子力学的概率估计，愈不易产生。高频率光子数量小，辐射能随之降低，最高能量光子更是凤毛麟角，终至完全绝迹。

普朗克以对黑体辐射的卓越贡献，获 1918 年诺贝尔奖；爱因斯坦以量子光电现象和理论物理，获 1921 年诺贝尔奖。虽然他对量子力学的建立，做出了重大的贡献，但终其一生，认为"上帝不玩骰子"，不接受被概率充斥的量子物理主导角色。当然，令人相当不解的是，使爱因斯坦成名的"相对论"，并未获得颁诺贝尔奖。

"光子"一词，直到 1926 年，由刘易斯（Gilbert Lewis，1875—1946）大力推荐，才被科学界接受使用。

现在，大家的基本知识准备够了，我们再回来谈谈狄基认为宇宙微波背景辐射应是由黑体辐射而来的问题。

丽质天生

再回忆一下我们知道的宇宙大爆炸时的场景：温度极高，能量至大，宇宙亢龙力道，无可比拟。从目前氢和氦的总质量比，我们合理推测，宇

宇宙起源

宙当时的光子供应充足。大爆炸 3 分 46 秒后,宇宙温度降到 9 亿 K,宇宙的家当固定下来,开始核合成。此时质子数为中子数的 7 倍,每个粒子有 10 亿个光子伺候。电子和质子数等量,外加同等数量的中微子和各类粒子的反粒子等。氘在光子的监视下,小心翼翼地核合成氦。粒子不论轻重大小、带电与否,都以接近光的速度飞行。带电粒子自由乱窜、互相碰撞,和数字庞大的光子,更是挤推不息。

当时的宇宙情况就是个等离子体球,和太阳差不多,能量和质量却比太阳至少大上亿亿亿倍。但这个原始的等离子体球,还没有大规模重力凝聚发生,是宇宙的全部。此时的宇宙,没有内部固定的电子结构,根本不存在从外边来的反射和射穿,是一个丽质天生的黑体。

这个黑体,因内含的粒子与光子以高速运转,瞬间就能达到温度平衡状态。事实上,大爆炸后,宇宙虽然不停地膨胀和降温,但和达到温度平衡状态所需的极短暂的瞬间来比,此时的宇宙黑体在每个膨胀片段都是在温度平衡状态之中。

这好比人体体貌经演化连续改变,但所需的时间动辄上万年。在人的百岁寿命中,演化似乎静止不动,体貌在平衡状态。

这个在温度平衡状态下的宇宙继续膨胀到 37.6 万年,温度降到 3000 K,一个质子抓住一个电子,等离子体没电了。光子没有电子挡路,在等温黑体辐射出来的电磁波,就从等离子体牢狱脱身而出。138 亿年后,温度降到 2.7250 K,被贝尔的大耳朵在 7.35 厘米的单一波长或 4080 兆赫兹频率处听到。

所以,人类 1965 年测量到的超均匀电磁微波,是宇宙在 37.6 万年时的黑体辐射写真图像,上穷碧落下黄泉,忠实地记录了当时宇宙天空的真实面貌。

如以相片比喻,贝尔大耳朵在 7.35 厘米的这张照片不是彩色的,仅是一张苍老的黑白照。

也有的专家认为，宇宙大爆炸一年后，可能就有了别的因素进来干扰宇宙黑体辐射的完美性。加上后来宇宙的凝聚和 2 亿年后再发光，对黑体辐射都可能产生了污染。这些顾虑的严重与否，可由精确测量后的数据估计。

大气层外

在地面接收宇宙的电磁微波，波长短于 0.3 厘米以下的，皆被大气吸收，地面用再大的耳朵也听不到。而在 2.7250 K 均温的宇宙黑体辐射，能量最强的波长在 0.185 厘米附近，比 0.3 厘米还要短。所以贝尔大耳朵用的波长为 7.35 厘米的接收器，位处宇宙黑体辐射的极长波段位置，离辐射能的巅峰还有相当一段距离，更谈不上一窥高频量子波段的庐山真面目了。

狄基宇宙微波是黑体辐射的推测，理论基础坚实，但观测数据贫乏。

要量出宇宙微波的黑体辐射曲线的全貌，获取一张彩色照片，数据一定得在地球大气层外的太空中取得。

在太空中做科学实验，是美国国家航空航天局的职责。

1974 年，美国国家航空航天局发出太空飞行实验计划征集通知，共收进 121 项提案。学术界经过 3 年密集切磋后，选出 3 项实验，"宇宙背景探测器"定案，时为 1977 年，离贝尔大耳朵模糊定音又过去了 12 年。

"宇宙背景探测器"是极少数以绝对温度 1.8 K 超流氦制冷的太空仪器。要测量宇宙 3 K 不到的微波，接收器一定要比这个温度低，才能感觉到宇宙的微温。但是，要将超流氦仪器送上天，实在不易。这次，NASA 血拼了。

宇宙黑体辐射测量的波段由 0.05 ~ 1.0 厘米，覆盖了整个在 2.7250 K 温度下的黑体辐射理论曲线。主要研究员是 NASA 出身的马瑟。贝尔大耳朵的 7.35 厘米波段离曲线巅峰位置太远，不值得在太空浪费精力重复测量。

20 世纪 70 年代研究数据表明，超均匀电磁微波中应有十万分之一的不均匀内涵。这项困难的实验，由劳伦斯柏克利实验室（Lawrence Berkeley laboratory）的斯穆特提出。微波不均匀部分是宇宙后来凝聚发光原始种子的根源，事关重大，下章专谈。

第三项实验，侦测宇宙凝聚发光后的红外线背景能量，在此略去。

当时，美国的太空策略正处转型阶段。正面的是以阿波罗登月赢得了美苏太空竞赛，太空产业初具雏形；负面的是美国刚从越南战争的炼狱脱身，穷兵黩武后，国虚民乏。

新兴的太空产业得需继续培植，但又没有财力遍地开花。于是，美国的新太空策略，决定先停止一次性的土星火箭（Saturn）生产线。不再登月了，谁还要那么巨大的火箭？集中财力，发展航天飞机，再以航天飞机组建太空站。把所有太空经费的蛋放在一个篮子里，卖给美国国会比较容易。

于是，美国阿波罗后的太空策略就以航天飞机为核心，开始摸着石头过河，走一步看一步了。

航天飞机计划要求所有上天实验的设备仪器，包括美国、欧洲和日本的太空实验室，还有哈勃望远镜及其所有维修任务，以及"宇宙背景探测器"等，都得由航天飞机送上去。当时也计划航天飞机由美国加州范登堡空军基地发射，专攻高倾角绕极轨道，为间谍卫星服务。

"宇宙背景探测器"虽不是间谍卫星，但它需要卫星姿态（attitude），正对太阳方向，轨道与那类 99 度高倾角（inclination）的绕极太阳同步轨道（sun-synchronous orbit）相同，才能达到全天扫描目标，收集微波数据以及为太阳电池全天候充电（作者注：卫星沿赤道轨道飞行为 0 度倾角，绕南北两极轨道飞行为 90 度倾角）。

于是"宇宙背景探测器"就以从范登堡发射的航天飞机为蓝图，自 1977 年开始，期盼眼望高天，一路设计下去。

第六章 黑体辐射

背水一战

1986 年 1 月 28 日,"挑战者号"升空 67 秒后爆炸,7 位航天员罹难。

NASA 即刻宣布航天飞机全面停飞,取消加州发射基地计划,并把"宇宙背景探测器"从航天飞机运载名单中除名。这真是晴天霹雳的消息,即使航天飞机有一天复飞,"宇宙背景探测器"也永远要不回这张机票了。

我在"挑战者号"空难整整一年后,从加州理工学院喷射推进实验室,调任华府的 NASA 总部上班,总部当时的气氛低沉。"挑战者号"事件后,卫星工业界抢购在市场上库存不多的一次性火箭上天。商业卫星临阵以一次性火箭替代,匆忙上马,数月内竟有三次火箭入轨前爆炸,航天飞机复航似乎遥遥无期。哈勃望远镜在地面苦等,还要高薪养着上千名技术人员。NASA 的信用跌至谷底,媒体和国会交相指责,冷嘲热讽,总部内部一片愁云惨雾,士气低落至冰点。

"宇宙背景探测器"既然已被 NASA 除名,只得自寻生路。第一个想到的,当然是找堂弟欧洲太空署,商讨能否以科学合作的方式,换取一张乘阿利安(Ariane)上天的机票。欧洲太空署甚感兴趣,双方照会 NASA,继续热烈商讨,几乎已到一拍即合的地步。事情搞到登上国际舞台的地步,媒体来劲了,炒得好不热闹。

此时此刻 NASA 理解到,有关宇宙起源的太空探测,不仅有学术价值,一般老百姓对神秘的宇宙也感兴趣,会有卖点,在媒体和国会应有市场。

NASA 终于出面了,向"宇宙背景探测器"团队晓以爱国大义。睁大眼睛看清楚,我还是你的至亲至爱,不要朝秦暮楚,跟着别人乱跑。即刻承诺,支持"宇宙背景探测器"计划,硬是从联合发射联盟(United Launch Alliance)争取到市面上一箭难求的三角形火箭(Delta);并且打开荷包,慷慨拨款,大力推进"宇宙背景探测器"的上天行程。

宇宙起源

总部终于想明白了。在发射处失败跌跤，就得在发射处成功站起。NASA变成哀兵，背水而战，一定要把"宇宙背景探测器"送上天，更一定要把哈勃望远镜送上天。这次只准成功，不准失败。

"宇宙背景探测器"原本是以航天飞机为运载工具设计的。航天飞机块头大、宽敞，仪器部件间隔距离大，彼此间的电磁干扰低，对测量微波的灵敏度有益。现在可好，要从大房子搬到小公寓，仪器的重量体积都得减半。

研究团队进入战斗状况，从零开始，改造已花了9年时间制造出的仪器。最终以2年时间，为"宇宙背景探测器"减肥瘦身，赶在1989年11月18日，由美国西海岸的范登堡空军基地，乘着三角形火箭成功发射，进入99度倾角的绕极轨道。阿尔佛也应邀参加了发射观礼，为实验成功祝福。

杠上开花

虽然"宇宙背景探测器"上天之路崎岖难行，但在进入太空后的前9分钟内，就把宇宙微波的黑体辐射曲线全貌测量出来（图6-4）。测量用的波长约为0.05~1.00厘米，图中使用了43个数据点。这43个数据点与在2.73 K温度的理论黑体辐射曲线相比，误差仅为0.25%，即四百分之一。

在人类能完全控制的实验室采取数据，精确度与理论值也鲜少如此的严丝合缝。从这组精确数据来看，人类的信心满满：这宇宙电磁微波，不在话下，是黑体辐射，我们懂！

另外，与理论符合的精确数据也直接证明了，现在侦测到的宇宙微波黑体辐射是处女原貌，未曾被其他的电磁杂音干扰、污染。

马瑟在"宇宙背景探测器"上天后的一个半月的时间里，就以罕见的惊人速度，在美国天文学会（American Astronomical Society，AAS）1990年1月的年会上，发表在天上测量到的宇宙黑体辐射的结果。

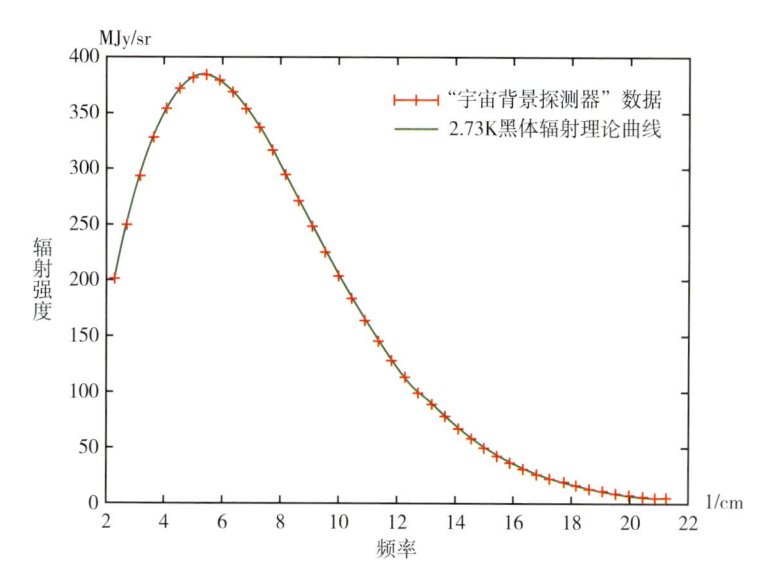

图6-4 "宇宙背景探测器"测量出来的宇宙微波的黑体辐射曲线全貌（0.05厘米的波长以频率20单位来表示）（Credit: NASA/John Mather）

媒体对这次演讲有许多报道，最常用的词是"起立鼓掌"（standing ovation，SO）。也许是因为一般学术报告，学者专家大半以批判的眼光找碴，态度保守。而对这场纯学术演讲，竟然热情奔放以待，所以媒体觉得新鲜，可以理解。

但是，媒体报来报去，就是没提到底有多少人"起立鼓掌"。五六十人？几百人？甚或上千人？人数多少，直接影响到掌声的分贝值。既然是NASA，理所当然要掌声响、分贝高。但这已是23年前的旧事，查遍资料，找不到答案。我实在太想知道了，只好直接找马瑟求证。

马瑟记性好，还记得3年前我们之间在别的话题上的对话。我先问他做黑体辐射报告的那张照片模糊，有更清晰的供大众（public domain）使用的版本吗？还有，我不想虚张声势（bluff）瞎猜，那天到底有多少听众起立鼓掌呢？

承蒙他在 5 分钟内，就电邮过来一张分辨率清晰的照片（图 6-5）。我仔细研究了一下这张图片，看出它是 NASA 总部摄影师在 2006 年马瑟诺贝尔奖新闻发布会上的作品，不是 1990 年 1 月的演讲实况影像。

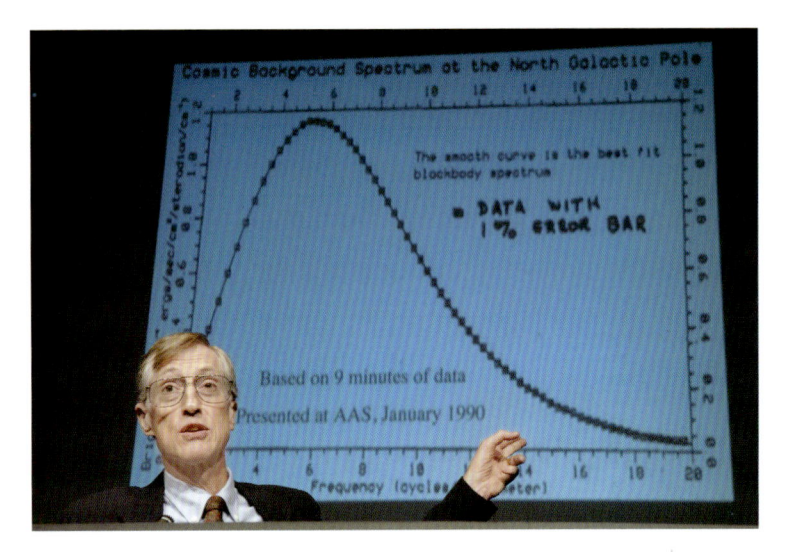

图 6-5　马瑟解说"宇宙背景探测器"测量出来的宇宙微波的黑体辐射实验
（Credit: NASA/Bill Ingalls/John Mather）

一般学术演讲，主要都是行内专家和研究生参加，所以马瑟在心理上认为只要有近百个听众就已足矣。但他一进会场，竟然看到近 2000 位听众黑压压地挤满大厅，他用"被镇住了"（overwhelmed）一词来形容他 23 年前那一刻的感觉。我想，连他自己也被演讲后 2000 人的高分贝起立鼓掌的热烈气氛震撼了。

那真是人类天文知识开疆拓土、激情辉煌的一刻。

古老的电磁波，带着宇宙等离子体球的黑体辐射讯息，传播了 138 亿年后，还是以一尘不染的纯净体态，在人类文明的舞台上现身。诺贝尔奖评审委员会的诸位专家，左思右想，黑体辐射理论 100 多年前就摆在那，大爆炸后的宇宙是个等离子体球黑体也不在话下。可是，以前占星术（Astrology）和宇宙学（Cosmology）一直胡搅蛮缠、打烂仗。这个实验做得实在太漂亮了，终于把宇宙学提升到够资格进入精密科学（precise science）的殿堂，与占星术彻底切割，居功至伟。

更何况，测量到黑体辐射，也就几乎等于直接取到了宇宙起源时的大爆炸作案现场的第一手证据。说"几乎"，是因为宇宙大爆炸目前还只是个理论，未来还需要更多像黑体辐射的观测数据，来证实大爆炸理论的正确性。

更重要的是，宇宙电磁微波由黑体辐射而来的证据，向人类提供了一个珍贵的追寻宇宙起源的寻宝图。由此，我们可以说，此曲只应天上有，人间难得几回闻。一个杠上开花的大满贯，足以令70亿人跌破眼镜。

马瑟在2006年，为NASA捧回有史以来的第一个诺贝尔奖。

"宇宙背景探测器"也测量出宇宙微波的不均匀部分。不均匀部分的测量比黑体辐射困难得多，斯穆特从1974年29岁开始，穷18年之功，终得修成正果。

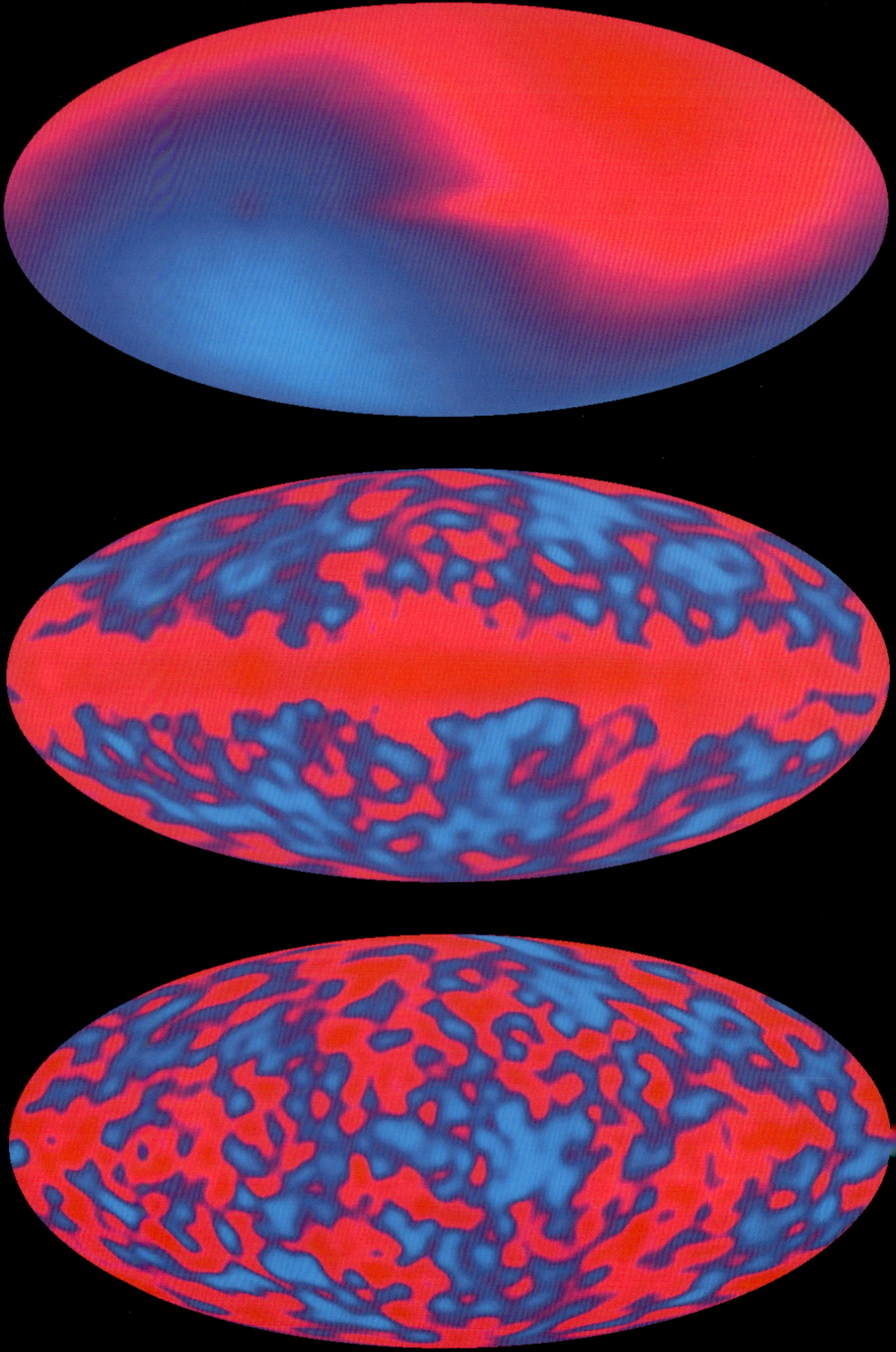

第七章
不均匀

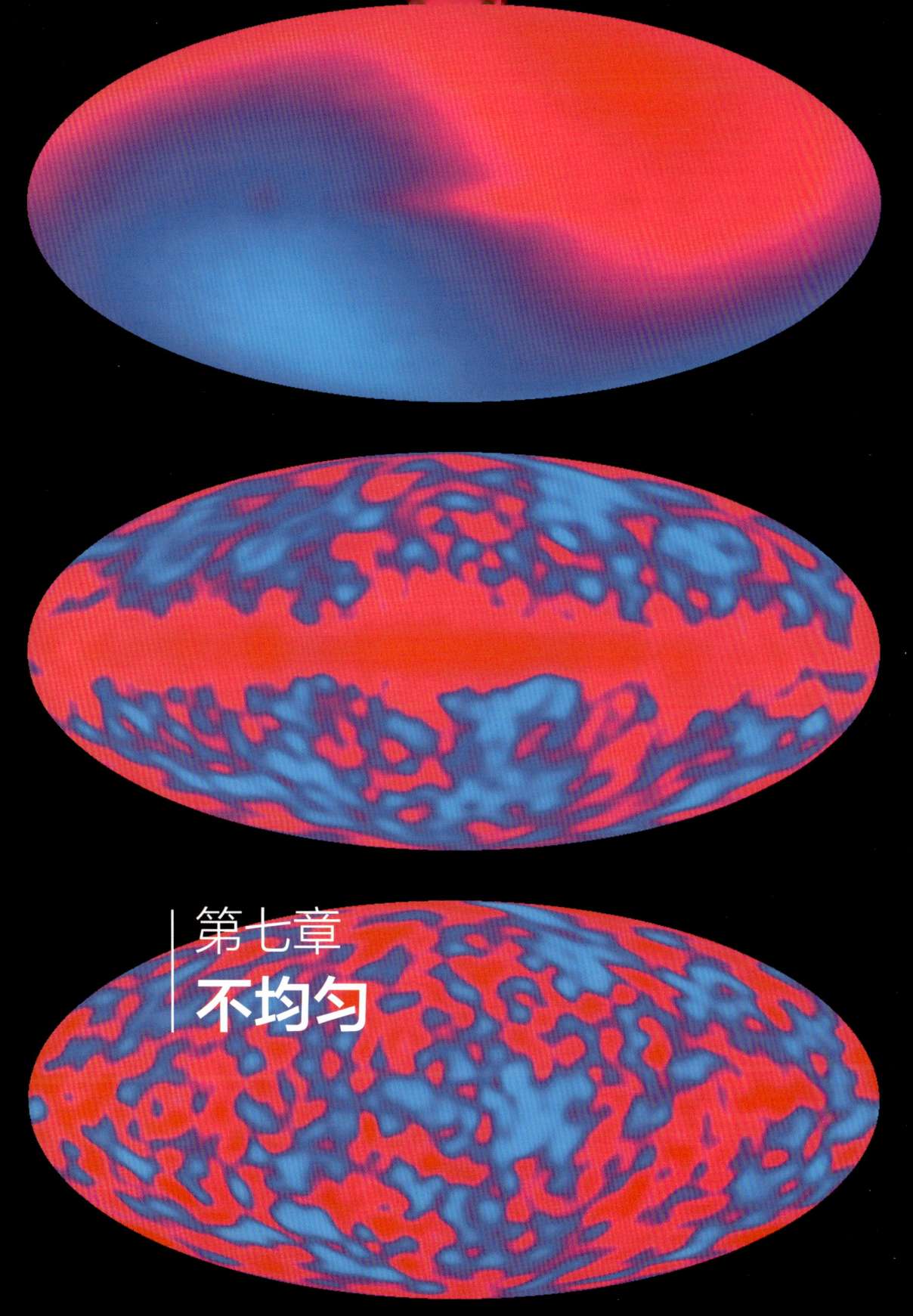

宇宙起源

宇宙微波黑体辐射知识入袋后,人类稍微满足了一下,却马上又惴惴不安起来。

凝聚情结

惴惴不安的起因极其简单。黑体辐射是宇宙微波超均匀分布现象的延伸,宇宙只露出了纯正的微波超均匀性质,就是宇宙并不想以有缺陷的不均匀面目现世。在宇宙看不到微波不均匀的部分,就表示宇宙没有一个角落能囤积多些材料,吸引过路物质聚集。没聚集,就没有以后的凝聚。没凝聚,就没有星星,就没有太阳,就没有太阳系,就没有地球,就没有生命立足之地,就没有人类,就没有你和我……

但你和我已在此热烈讨论着这个问题,就表示宇宙已经凝聚过了,并且凝聚得很好,因为你和我都在这个宇宙中安全地、快乐地生活着。

所以,人类认为宇宙该不均匀、该凝聚,是天经地义、理所当然的。而在人类文明中,没有比《旧约·创世纪》对这个情结表达得更直接痛快了。

依《创世纪》中的叙述,光、暗、昼、夜,第一天出现;空气和水,第二天出现;陆地、海洋、植物生命,第三天出现;太阳、月球、星星,第四天出现;水鸟、鱼类,第五天出现;按神的形象所造出的总管万物的人类和各类陆地动物,第六天出现;第七天休息。

尽管上帝《创世纪》中演员的出场顺序与目前人类所知的宇宙知识不完全符合,譬如太阳月球星星出场得太晚,空气和水出场得又太早等。但不管前后顺序如何,上帝明确地在第三天凝聚了陆地,为人类的出现准备好立足之地。

但我们侦测到的宇宙微波,应是宇宙后来演化的原始蓝图,竟然丝毫没有凝聚的讯息在内。问题大了,人类一定得向宇宙讨个说法。

向宇宙讨说法的任务,就落在了斯穆特的肩膀上。

第七章 不均匀

1974 年，斯穆特 29 岁，还在进行博士后反物质世界（anti-world）的研究。

反物质世界

当时理论认为，大爆炸后物质和反物质应等量共存于我们能观测到的宇宙之中。要不然，我们生存其中的全物质宇宙的来源，就无法得到合理的解释。反物质若真如推论存在，它的质量一定如物质宇宙一样庞大并且离我们甚远，才不会和我们的物质世界因互动而同归于尽。继续沙盘推演，物质宇宙成员有太阳和恒星，所以，反物质宇宙也应有类似的反太阳和反恒星（anti-stars）。像我们的太阳不停地喷射出各类粒子和核子一样，反太阳也会喷射出反粒子和反核子，有的会飞出反物质世界。少数幸运的反粒子和反核子，中途没遭到物质世界的尖兵截击摧毁，全身溜进物质世界，甚或进入地球大气，供人类侦测。

但这只是在一个完美理论下的因果关系的辩证。斯穆特博士后研究用的高空气球仪器，本想以侦测到的反核子（尤其是重量级的，如反碳或反氧核子等）推证到反恒星，甚至到反物质世界的存在。但不幸地，他连一颗最轻的反氦核子都没侦测到。

没侦测到反粒子，就得回头看看是不是理论太完美了，以至于有失偏颇。在一个理想的物理世界，粒子和反粒子本应同生共死，数目永远相等，不会有粒子多于反粒子的现象发生。但在极高温度和极高能量掌控下的大爆炸宇宙，会有些我们目前低能量宇宙难得一见的状况发生。

以现在的理论理解，大爆炸起动后 10^{-35} 秒前，温度 10^{28}K，宇宙拥有极高的纯能量，产生了等数量的超重 X 粒子和反 X 粒子。这些超重粒子和反粒子的质量，估计是质子的 1000 万亿倍，即 10^{15} 倍，它们一下子互撞变成能量，一下子又从能量变成超重 X 粒子和反 X 粒子。但两类粒子成对消失，成对出现，没有一类比另一类多的现象。如一定要以物质和反物质来形容当时的宇宙，最合理的说法，应该是 10^{-35} 秒前的宇宙，物质和反物质完全平等共存，其中包括了斯穆特想要寻找的、和物质世界完全对等的反物质世界的胚形。

宇宙继续膨胀冷却，从大爆炸后 10^{-34} 秒起，温度就降到再也无法随心所欲制造 X 粒子或反 X 粒子，这两类粒子数量就固定下来了。在 10^{-34} 至 10^{-4} 秒间，它们开始进行衰变。但在这个衰变的过程中，一个神奇的现象发生了，即 X 粒子衰变出的质子，比由反 X 粒子衰变出的反质子，多出了十亿分之一。也就是说，X 粒子和反 X 粒子，在 10^{-34} 秒马表按下时，以等数量 1∶1 在起跑线预备起，到 10^{-4} 秒抵达终点时一检查，衰变最终产物的质子和反质子的比例竟变成 1000000001∶1000000000，即质子数比反质子数多出了十亿分之一。

至于为什么由原来严丝合缝的 X 粒子对反 X 粒子的 1∶1，变成有十亿分之一不平衡的结果呢？理论物理学家说，那是"大统一理论"（Grand Unification Thory，GUT）的核心预测。

"大统一理论"太深奥，在此无法深究。简单说来，在这项宇宙顶级大事件上，"大统一理论"认为，这类超重粒子，在衰变的过程中，违背了一项重大的物理守恒定律。即 X 粒子和其反 X 粒子的总"重子数"（baryon number），在衰变的过程中，没有守恒，导致宇宙在出生后一千亿亿亿分之一秒时，就已埋下以后质子过剩的种子。［作者注：正确说法应是违背或破坏了 CP 对称（symmetry）；C 为 charge conjugation，即电荷共轭；P 为 parity，即宇称。CP 为这两项量子运算的乘积对称。CP 对称遭到破坏，将导致重子数不守恒。CP 对称概念复杂，需大篇幅解释，在此略。］

重子（baryon）就是一般以夸克为基本单位组成的粒子，我们较熟悉的有中子、质子和各种介子（meson）类的粒子。中子和质子类重子皆被给予 +1 的重子数。它相对应的反粒子，则携带 −1 的重子数。介子类重子数皆为 0。简单说来，重子数是物理学家纪录宇宙所有粒子和反粒子的一本账。在理想情况下，每个粒子都应有个反粒子伴侣，两粒重子数的总和，（+1）+（-1）=0，就是宇宙中不管有多少颗粒子和反粒子，它们的总重子数应不多不少，准确为零，这就是宇宙重子总数守在零这个恒定数字的守恒定律。

有些重的重子，有衰变现象。如在第五章内所描述的，自由存在中子的半衰期约为10分钟，可衰变成质子和电子外加一个电子反中微子（electron antineutrino）。在衰变过程中，中子正 1 的重子数转交给质子正 1 的重子数，重子数守恒。中子只比质子重一点点，衰变过程中，被重子数守恒定律严密监视，没有太多自由发挥空间。但在宇宙 10^{-34} 至 10^{-4} 秒间衰变的超重 X 粒子的重子质量，是质子的 10^{15} 倍，衰变过程又复杂，在其间重子数守恒定律就被偷偷地小小地冒犯了一下。情况并不严重，每十亿颗 X 粒子仅有一颗越位。以法律的观点来看，只达到路边停车违规吃张罚单的程度。

以专家的术语来说，就是强核力（strong interaction）和弱核力（weak interaction）在宇宙起动后 $10^{-34} \sim 10^{-4}$ 秒之间某时分道扬镳，弱核力开始独立活动的短瞬期间，重子反应的"CP 对称"略遭破坏，粒子和反粒子之间十亿分之一的不平衡现象就出现了。

没这么一点因 X 和反 X 粒子在衰变中小小犯规，没完全遵守重子数守恒定律，引出了十亿分之一的多余质子，就没有以后的宇宙凝聚，就没有太阳，就没有地球，就没有生命，就没有你和我……小违规造大福，保存下宇宙原有的十亿分之一的质子，也是宇宙亢龙的悲天悯人善行之一，仅在此登录在案。

质子本身也是重子。如果重子数守恒在 $10^{-34} \sim 10^{-4}$ 秒间曾经遭到过十亿分之一的不守恒破坏，就表示重子数守恒定律在当下的宇宙也可能有被违背的空间。所以，要解释目前观测不到反物质世界存在的现象，"大统一理论"就预测质子和反质子也应会因失去重子数守恒定律的保护，发生衰变。

质子是我们宇宙中最稳定的粒子之一，它也是组成星系和生命的顶梁柱粒子。如果它发生衰变，可不是件好事。还好，在当下的低能量宇宙中，质子和反质子的衰变发生的可能性非常低。据粗略估计，质子的半衰期至少长达 10^{32} 年以上，比我们的宇宙年龄要长 10^{22} 倍，即 100 万亿亿倍。过去 50 年，人类浑身解数，想尽办法，以最精密的仪器，在上百吨的纯水中（含 10^{32} 质子）寻找一年可能只发生一次的单一质子衰变事件，至今仍然音信杳然，毫无讯息。

有的专家认为，多出的十亿分之一的质子数，为什么不能在宇宙大爆炸一开始，即 10^{-35} 秒前就到位？换言之，我们继承的是一个在量子力学运作下的缺陷宇宙，为什么缺陷不能在宇宙第一时间就存在？质子和反质子数量的不平衡，当然可以从宇宙最早的源头就有，但以人类所知的所有物理定律范围内，宇宙以空无一物的纯能量开始的合理性最大，物理学家也有能力处理这类模式的宇宙。要不，当前的物质和反物质不平衡的宇宙，就变得更难懂，问题的答案也可能存在于大爆炸之前的宇宙，在我们所知的物理定律之外，以至于无法追问下去。

时间再往前流。大爆炸起动 10^{-3} 秒后，宇宙就开始以每 10 亿零一颗质子对 10 亿颗反质子的比例存在。数量上多出一颗质子，在等量比例的 10 亿个质子和反质子的生死名册之外。这些等量比例的 10 亿个质子和反质子，以爱因斯坦 $E=mc^2$ 的游戏规则，同步轮回于物质与能量之间，最终的结局是所有存在的反质子和对等数目的质子碰撞，同归于尽，化为比剩余质子数多出 10 亿倍的光子，监督这颗硕果仅存的、在膨胀后低温稳定下来的多余的质子，由氢转氦的核融变化，造就了目前宇宙氢氦质量 3：1 的比例和无所不在的宇宙电磁微波。

所以，斯穆特在 1974—1977 年的高空气球实验，侦测不到反粒子是必然的结果，因为反粒子在大爆炸起动后极短的时间内，皆已和相等数目的粒子一起壮烈成仁，化成今日已呈纤弱的宇宙电磁微波了。（作者注：反物质理论仍在发展之中，目前尚无实验数据佐证。）

20 世纪 70 年代的大场面是：高能物理发展仍然炽热，寻找反物质为前沿科研，中子星刚现形不久，地球板块运动学说蓬勃发展，半导体呼风唤雨无所不能，计算机科技日进千里，人类刚登上月球，基因知识开始解读生命终极奥秘，太空产业方兴未艾，宇宙大爆炸理论正在抢滩登陆，建立滩头堡……人类科学情势一片多头、利多、大好。

立　志

一般的年轻研究员大都跟着工作走，谁雇我要我、付我薪水，我就为谁干。为五斗米折腰、随波逐流、不立志挣扎是世上 99.99% 人的人生道路，最安全省力。但斯穆特和当代几位少有的年轻科学家一样，不随大流，矢志专攻物理难题，无憾无悔，以铁一般的意志，进行一生事业的拼搏。

在他专攻物理难题决心的背后，站着一位百年难遇的导师——阿尔瓦雷茨（Luis Alvarez，1911—1988）。

阿尔瓦雷茨被誉为 20 世纪最有才华和多产的实验物理学家之一。在他名下的成就包括微波雷达导航系统（每次民航机降落都得靠它）、钚原子弹内爆机构（投在长崎的原子弹由他的装置引爆）、基础核物理研究、反物质研究、以高能宇宙射线透视埃及金字塔以及对 6500 万年前白垩纪和第三纪交界处恐龙大灭绝定位等。因对核物理领域的巨大贡献，阿尔瓦雷茨荣获 1968 年诺贝尔物理奖。

阿尔瓦雷茨要求刚出道的研究员，不要只知道闭着双眼，抱着交给他们的研究题目，盲目地往前冲。反物质研究的确迷人，里头也可能有条大鱼，只是现在还没抓到；高空气球仪器还得改进，未来还有很长的一段路要走。他这么告诉学生：反物质这个研究项目是我的主意，我巴不得你们帮我继续干下去，但现在实验科技和方法日进千里，新的课题也琳琅满目，我希望你们回去好好想想，不用急，花一两个月时间，仔细把所有物理前沿的问题，思考过滤一下，再做出你们下一阶段研究方向的决定。

几位年轻学者，接受了导师真诚无私发自肺腑的建议，脑力激荡两个月，规划出自己人生研究的方向。

他们当中，一位决定继承阿尔瓦雷茨的衣钵，仍然向反物质世界推进；一位要追寻在当时百年难得一现的超新星，用它做标准烛光，以图未来侦测到宇宙膨胀速度变慢现象；另一位决定维持机动，审时度势，随时改变研究方向。

以 1a 类型超新星测量宇宙膨胀速度，是条大鱼。据 1974 年时的理论预测，宇宙膨胀速度经过 100 多亿年后，应该慢下来；这个想法简单易懂。大爆炸后，宇宙物质往外飞奔，而物质的重力场在后面紧拉不舍，膨胀速度就该渐飞渐远、渐慢。

理论虽简单，但 1a 型超新星难寻，需要全自动侦测技术。这位比斯穆特大 1 岁的师兄马勒（Richard Muller, 1944—），兴趣虽然广泛，但决定以超新星为事业的主轴向前发展。

斯穆特呢？他看中了当时新鲜的宇宙电磁微波。他的看法是，宇宙由大爆炸开始，起点很可能极微小。这极微小宇宙能以体积为零的奇异点（singularity）出发吗？体积为零是完美的世界，但宇宙由量子力学的测不准原理主导，应是有缺陷的，从零体积开始的概率不大。由缺陷的起点爆炸，宇宙不但不可能均匀到完美的程度，甚或已经重复来回膨胀收缩再膨胀无数次。宇宙每次收缩，到不了完美的零体积，从四面八方回到起点的力道极不均匀。先来后到，互冲反弹，情况变化多端复杂。在这样混乱中起源的宇宙，应带有缺陷美，外加其他未知领域中，肯定有值得钻研的丰富物理内涵。

现在看到的超均匀微波内，因宇宙量子缺陷美的胎记，一定包含更深沉的宇宙奥秘。解读这个宇宙缺陷美的奥秘，斯穆特告诉自己，这就是他一生追求的目标。

斯穆特是个绝顶聪明且又辛勤劳动、奋斗不息的实验物理科学家。自身条件优越，又遇到一位万古难求的导师。他对于在人生关键时刻研究方向的论证，条理清晰、简单易懂，只要受过研究所量子物理训练的人，都能做出同样结论。与他生存在同样科学蓬勃发展大时代中的物理学家，何止成千上万。但太多的人随波逐流，只有他抓住这个决定，并且即刻付诸实施。

他能即刻付诸实施，是因为 NASA 刚巧在 1974 年发出太空科学研究计划征集通知书。择日不如撞日，这份通知书发出的时间，巧得就好像专为他量身定做，为他的新事业开始而铺路设计的。与马瑟一样，他提出了申请计划。从 121 个计划中，第一波选出的实验，集中在对宇宙形成后的红外线侦测。但斯穆特和马瑟有关宇宙微波的研究计划，引起科学界高度重视，经过三年论证评审，NASA 就决定继"红外线天文卫星"（InfraRed Astronomical Satellite，IRAS）后（*作者注：IRAS 1983 年成功上天*），再送一个"宇宙背景探测器"卫星上天，专攻宇宙电磁微波研究。

斯穆特新事业一出发，就先胡了个门清自摸。

差　分

我相信狄基的普林斯顿大学研究小组当年也一定提出了计划。当时最灵敏的差分微波辐射仪（Differential Microwave Radiometer，DMR）是狄基的发明。宇宙起源的理论，诸如对黑体辐射和平直的预测，狄基小组也执世界之牛耳。他们也可能没提出独立计划，或可能只参与了马瑟或别人的计划。

宇宙起源

他们在上天的宇宙微波实验中未能扮演独立的角色,对我始终是一个谜。而 NASA 对落选的计划,因不涉及纳税人拨款,无义务对外公开,皆保密。

测量微波强度一般有两种方法。最直接了当的是测量微波在某波段的绝对强度;另一种量法是比较甲、乙两处强度的差分,次量乙、丙两处差分,再量丙、丁两处差分,依次模拟,把全星空成千上万个两点差分都量出来。然后只要知道星空中任何一固定点的绝对强度,所有点的绝对强度就能各就各位。

这就好比要为一班 50 位同学量身高。我们可先量 1 号同学绝对身高为 176 厘米,2 号同学为 183 厘米,3 号同学为 180 厘米等。我们也可以 1 号为准,量出 2 号比 1 号高 7 厘米;以 2 号为准,量出 3 号比 2 号矮 3 厘米等。然后只要把任何一位同学的身高量出来,每个同学的身高就全搞定。

如果一班 50 位同学的身高相差悬殊,分布在 155 ~ 195 厘米之间,差分测量的威力就体现不出来。

现在有这么一个特殊身高班,每位同学的身高皆为 172.5 厘米,精确到 4 位数字,只有在第 5 位数字,百分之一厘米才发生变化。更有甚之,这班同学在量身高时,老师要左边同学低身弯腰,右边同学踮起脚跟。并且,50 位同学,每人站的地板位置也高低不平。

同学弯腰踮脚,身高一定发生变化。地板不平,每人的起点位置也不同,这就造成头顶高度不同。老师要求量身高的技师,要站在 100 米外,以光学仪器测每位同学之间的身高差。

难吧?

其实测量宇宙微波超均匀中的不均匀部分,就是这么难。左右学生弯腰踮脚代表一个有方向性规律变化的杂音,但如能独立测量出它的方向性规律变化幅度,这份噪音就可以过滤掉。地板不平代表的是由银河系辐射出的微波杂音,只要找到地板的原始设计蓝图,也可以校正。这两类噪音,也掺和到宇宙微波不均匀讯号中，只能以差分测量技术，才可将它们淘汰出局，校正归零。

电子仪器皆有杂音。如能用两个完全相同的微波辐射仪，以差分测量手段，两仪器内部相同的电子杂音自动抵消，精确度自然可以提高。尤其是在测量宇宙微波不均匀强度分布时，差分测量方法更为重要。

另外，宇宙微波全方位超均匀那部分讯号强度，也可用差分测量手段，将其消除。

差分测量使用的也就是专家通称的"共模信号抑制"（common mode rejection）技术。

差分技术更厉害的是测甲、乙两点的仪器，可以经旋转180度后，互调位置，再量差分值。如两微波辐射仪完全相同，而杂音和超均匀那部分讯号强度也能完全抵消，互调位置后，所得差分数值应与调位前相同，只是一正一负的变化而已。经过两次重复检测，差分数值的可靠性大增。

在实际操作中，差分值是每分每秒都经旋转扫描后取得的，所以每两点间的差分值是经过重复检验再检验，务必达到零误差为止。

在微波不均匀的测量中，星空某处的绝对强度并不重要，实际要的是彼此间的差分值。差分微波辐射仪就成了追寻宇宙电磁微波不均匀分布的关键电子设备。

如能把这套仪器置放在氦-4超流1.8 K绝对温度的液体中，内部电子杂音大幅度降低，精确度会更佳。但在实际操作中，氦-4超流液体会逐渐蒸发，限制实验寿命，所以有时只能部分使用。比如在"宇宙背景探测器"卫星中，测量黑体辐射部分，全程使用低温氦-4超流，而测量不均匀部分，数据捕捉时间较长，并未全程使用氦-4超流制冷带来的减低电子杂音优势。

宇宙起源

初生之犊

当时狄基和他的研究小组，几乎掌握了宇宙电磁微波知识库的钥匙。要理论有理论、要仪器有仪器、要人才有人才，应是世界上研究宇宙微波的第一梯队。但不知为何，在每个转折点上，他们总是慢半拍、晚一步。到了人类第二代微波探测卫星威尔金森微波各向异性探测器，在 2001 年 6 月送上天时，才以狄基研究小组成员的威尔金森命名，稍加补偿。但从 20 世纪 60 年代起算，40 多年来风生水起，他们就是和诺贝尔奖无缘。命运弄人，实在令人扼腕叹息。

也许初生之犊斯穆特不畏虎，在仅有理论概念的支持下，就敢大胆地朝微波非均匀部分进军。当时已知均匀度已达千分之一。换言之，笼罩地球全星空的宇宙电磁微波值，不论在任何一点测量，前 4 位数字相同，皆为 2.725 K。重要的问题是不均匀部分到底会在何时现身？均匀度的万分之一？十万分之一？百万分之一？甚或到千万分之一？……在万分之一上下，以差分测量技术，当时的科技水平还勉强沾得上边。超出这个范围，即使宇宙刚开始有不均匀的种子，足够引发后来星体和星系的凝聚，但当时人类科技还不够灵敏，无法量到。

理论估计，不均匀在十万分之一数量级，宇宙凝聚不成问题。低于这个数字，只靠一般物质的重力场，凝聚恐有困难。宇宙深沉，天机难测，人类只好两手一摊，无奈地仰天长叹。唉，我们又知道什么呢？

斯穆特也可能没有太多的得失顾虑，才 29 岁嘛，比其年龄大 1 倍的狄基（58 岁）不同，只管大胆往前走就行。遭遇任何挫折，还有东山再起的机会。

第七章　不均匀

高风险

斯穆特有能力，又抓住了机会。但不管从哪个角度来看，他的这项研究仍是高风险高回报的选题。上天之路危机四伏：运载火箭发射时可能爆炸；不爆炸也可能出故障，无法推卫星进入预定轨道；即使成功入轨，复杂精密的仪器也可能拒绝正常运作。莫非先生（Mr. Murphy）严密监视，可能出错的地方就一定出错。（作者注：工程人员戏称莫非先生制定了"莫非定律：凡是可能出错的事必定会出错"，专挑仪器、机件的毛病，绝不通融。送上太空的仪器，只要有一个毛病，莫非先生一定把它找出来，放大渲染，陪玩到底，不搞到车毁人亡，绝不罢休。）真像唐僧过火焰山一样，魔障重重。还有，高成本的卫星计划，与国家社会大背景下的政治、经济、太空策略、民意向背、国际局势等紧密挂钩。即使科学理论和实验技术到位，也可能因别的因素，白忙一辈子。

卫星计划的跨时幅度，动辄15年、20年，甚至更长，很容易像侦测外层空间文明世界一样，耗掉事业黄金青春年华，最终一事无成，再回头已百年身。少年再努力，老大也会徒伤悲，因为有太多因素不在掌握之中。

高回报的鼓励是，只要侦测到微波不均匀部分，就朝理解宇宙起源方向迈出一大步，对人类文明贡献巨大。如身体健康、寿命正常，诺贝尔奖几乎锁定。

太空科学实验就是这么样的一个怪物，努力不保证成功，再努力也可能还是会失败，成功或失败没有定数。

在1974年到1977年等待计划批准期间，斯穆特选了一项在地面玩宇宙电磁微波的游戏，初试啼声——这故事还需从头说起才能讲清楚。

微波坐标轴

19世纪人类还在和光波物理挣扎的时候,提出以太为光传播的介质。水波、声波都靠介质传播,为什么光波不需要介质?

光用以太作为介质,和水波、声波大不相同。水波、声波只在有限的星体中传播,而光无远弗届,全宇宙通吃,以太应在全宇宙分布、存在。

人类满怀希望,追寻以太,为的是找到一个全宇宙通用的坐标轴,为光波找个婆家。但很不幸,1887年迈克尔逊-莫雷实验(Michelson-Morley experiment),竟然明确证明了以太在宇宙中根本不存在,是人类的幻想。

后来理解,光波靠自身的电和磁两种能量交替转换,有如声波中有弹性的势能和动能交换一样,不需介质,就能在真空中传播。

以太在宇宙中的不存在,给了爱因斯坦启示,导致他要求光速在宇宙中以固定的速度传播。为了维持光速不变,竟然引出了时间和空间可以伸缩,时间就和三度空间缝织在一起,形成了爱因斯坦的宇宙四维空间。

以太在宇宙中的不存在,也是一个绝无仅有的证明某物"不存在"的成功实例。

证明"存在"容易,只要在一个有限的地方找到那件东西存在,就可宣布成功。从逻辑上来说,证明"不存在"难,一般要找遍宇宙930亿光年大小的每个角落,如果在全宇宙都找不到,人类才能证明它的"不存在"。现在又因暴胀理论,引出无穷数目宇宙外的宇宙——天外天,所以,找遍我们930亿光年大小的宇宙,可能还不够看。

这和证明上帝"不存在"一样难,上帝肯定不会在地球某公证人办公室现身,取得在法律上存在的证据。上帝能力无穷,可以选择藏身在木星的深海中,甚或身存于100多亿光年外的类星体上。你找不到吧?找不到,就不能证明上帝不存在。不能证明上帝不存在，他就可能存在，甚或他就存在。

因为这个困难杰出的"不存在"实验，迈克尔逊在 1907 年为美国争得第一个诺贝尔奖，同时也粉碎了人类寻找宇宙坐标轴的梦想。

斯穆特研究了宇宙电磁微波的功能。宇宙电磁微波像是为宇宙提供了一个超均匀超平静的理想湖面。巨大的星系，如银河系，有如巨轮在其中航行。船头的水受到挤压，温度上升；船尾的水疏散，温度降低。从银河系在微波中航行头尾温差大小和方向，就应能找出银河系在宇宙中航行的速度和方向。

以专家术语来形容，银河系前方的微波受挤压，波长变短，产生"蓝移"；银河系后方的微波被拉长，波长变长，产生"红移"，标准的光谱"多普勒效应"。

很多人都想找出我们自家星系在宇宙中航行的速度和方向。更重要的，如实验成功，就自然带出宇宙电磁微波作为宇宙坐标轴的功能。想法好归好，但要怎么落实呢？

聪明的斯穆特，脑筋又转动了起来。

U-2

在地面量银河系在宇宙微波中产生的纤弱多普勒效应，第一要求就是要登高，往高地走。

大气中，有太多的电磁杂音闷在里面。大气中的氧分子、水气、闪电等在微波波段吱吱吵闹不停，军事雷达讯号、汽车火星塞、电视电台广播等火上加油。

地势愈高，杂音干扰愈低，杂音强弱与高度成反比。

但人在 4500 米的高地上工作，就已相当吃力。高空气球可飞到 4 万米，高度是够了，但仪器一上去就随风飘荡，不易回收，甚至仪器时与气球在高空脱钩，鸡飞蛋打，空忙一场。

斯穆特在劳伦斯柏克利实验室工作，当时有同事以军用运输机作为天文观测平台。他马上想到他的导师老板阿尔瓦雷茨，在第二次世界大战中，以他发明的微波导航系统，救了好多飞行员的生命。因这项战功，杜鲁门总统还在白宫颁发勋章给他。要量这个微波的多普勒效应，也得用飞机，并且还得是飞得最高的那种军机。对，就是U-2。

老板一定对军机行情熟，有军机人事关系。U-2，找老板去要。

年轻研究员的脑筋，的确每天都得打转，寻思争取最好的资源，把自己的实验做出来。

U-2又名"蛟龙夫人"（Dragon Lady），曾是美国最先进的高空侦察机。鲍尔斯（Frank Powers，1929—1977）事件发生后，U-2在世界媒体上曝光，使得1960年即将在巴黎举行的美、苏、英、法高峰会议流产，把世界带到核战边缘。作为美、苏冷战时期的主力侦察机，U-2皆黑中来、暗中去。中国台湾也曾有过"黑猫"中队编制。碰到U-2，就像碰到暗物质、暗能量一样，一切全黑。

U-2巡航高度为2万1千米，为越洋民航机的两倍。为了减重高飞，它的机身轻得就像一个充气的气球，异常脆弱。起落架和机鼻也要由特殊设备操作。U-2只能用量身定做的油料，才能避免在极高空挥发。U-2在极稀薄空气中执行任务时，飞行员要穿上笨重的飞行服，在起飞前还要预先完成"吸氧排氮"程序，把体内多余的氮分子清除。U-2飞行服为NASA第一代太空出舱服的设计蓝本。

NASA名下，也有两架U-2飞机，由位于旧金山湾区的埃姆斯研究中心（Ames Research Center，ARC）管理，为太空科研服务。

NASA的U-2，因为只做在阳光下的研究项目，U-2机身就漆成明亮的雪白色，以资和墨蓝色军机的黑暗世界划清界限。

斯穆特的老板阿尔瓦雷茨，当时已年届63岁，经验老到，深受以太不

第七章 不均匀

存在实验的影响。宇宙坐标轴是宇宙学中的一个"神器"（Holy Grail），以以太为载体的宇宙坐标轴被证明不存在后，总有年轻一代的物理学家锲而不舍，提出各种点子想寻找新的宇宙坐标轴。年轻人荷尔蒙分泌旺盛，虽屡战屡败，但又屡败屡战。

老板见他要开启追寻宇宙坐标轴的实验，先打个哈欠，双臂胸前一交叉，眼睛眯起，不耐烦地表示：在你之前没人成功过，好，现在给你 5 分钟时间，说不清楚，就请以后永闭尊口，不要再提这类实验。

斯穆特据理力争。重要论点是太阳系在银河系的猎户旋臂上，以每秒近 250 千米的速度在绕银河系的轨道上运行。每秒 250 千米的速度可以在平滑的宇宙电磁微波的海洋中，激起近千分之一幅度的浪花（作者注：速度除以光速，即 250/300000=0.0008，得 0.08%，接近 0.1%，即千分之一），以现在的差分仪器，应该量得到。能量得出太阳系在宇宙航行的速度和方向，宇宙电磁微波就成了宇宙的坐标轴，不是吗？

老板就这样被说服了。

老板和埃姆斯研究中心主任是铁哥儿们，写封信说明实验需要的条件，但耍点心机，对 U-2 只字不提。埃姆斯研究中心主任一看，他们要求的实验条件 U-2 全能满足，马上回信，主动提出以 U-2 支持，双方一拍即合。中心主任也很得意，因为是他提出的 U-2 "原始"主意。举重若轻，事情巧妙办成。

关系和沟通技巧用到点上，事情就办得成，尤其是在高层掌权阶层，中外古今通用；现在可以动用 U-2 了。

作为精密科学实验仪器平台，U-2 有多项缺陷需逐一弥补。U-2 任务一般是以大地摄像为主，光学窗口皆朝下看地球。斯穆特的 U-2 要与宇宙微波互动，需要往天上看，能看到天的只有驾驶舱，但 NASA 的 U-2 驾驶舱是单座设计，不但拥挤，窗口也太窄，无法提供以 60 度角分离的两个"差分微波辐射仪"扫描之用。这项不足，几乎成了致命因素。

宇宙起源

斯穆特是福将，运气跟着他走。20 世纪 70 年代，美、苏冷战正酣，武器竞赛白热化。正在发展中的洲际导弹，在试测进入太空再回程进入大气时，需 U-2 追踪观测。U-2 极机密计划中，已在驾驶舱后方留出够大的空间，以备装置向上观测的仪器之用。

斯穆特故技重施，只提实验所需条件。隔一阵子，设备悄然神秘出现，大家也不闻不问，当成原本就有的配备，合用即可（图 7-1）。

图 7-1 （A）NASA 的 U-2 飞机漆成明亮的雪白色，驾驶舱为单座机型。座舱后设置有向上观测仪器的空间；（B）观测宇宙微波的"差分微波辐射仪"，在座舱后面空间安置妥当；（C）打开后舱盖，将"差分微波辐射仪"从起飞和降落位置旋转 90 度，两个以 60 度张角分开的差分辐射仪和沿圆形外环的转动链条，清晰可见；（D）再揭开一层仪器盖，露出内部电子仪器细貌。沿圆形外环和转动链条咬合的齿轮也清晰可见。就是这个转动链条带着齿轮，将两个差分辐射仪旋转起来，扫描整个 465 亿光年半径的天庭。（Credit: NASA/G. Smoot）

要在极高度飞行，U-2 的失速参数极为狭窄，需以最高技术驾驭。斯穆特实验需求更上一层楼，要求 U-2 沿地表平飞，偏差不能超出六分之一度。所以，斯穆特的 U-2 需要最优秀的飞行员来操作。运气又陪着他走。当家的 U-2 首席试飞员，经不起宇宙古老电磁微波的魅力诱惑，受为科研做贡献的高贵情操呼唤，自愿请缨承担飞行任务。

U-2 飞行方向与太阳系绕银河系轨道平行时，效果最佳，但 U-2 速度每秒约 0.2 千米，比起太阳系每秒 250 千米的速度，相差甚远。所以，U-2 朝哪个方向飞，误差皆小，只要先高飞，减低大气微波干扰，然后再平飞，维持仪器平台水平，使两个辐射仪来回转 180 度后，还能找回天上的两点就成。

银河系陨落

1976 年 7 月 7 日，美国刚过完 200 岁生日，"维京人"（Viking）两周后也即将登陆火星。斯穆特的 U-2 满载精密微波测量仪器，首次从加州沙漠基地腾空而起。

从数个月内 U-2 飞行所获的数据估计，银河系正在向某方向以每秒 350 千米的速度飞奔，比原先估计的每秒 250 千米的速度高些。

这个速度代表银河系太阳系地段，在宇宙电磁微波的海洋中，激起约近 0.12%（速度除以光速，350/300000=0.0012，即 0.12%）幅度的浪花。以宇宙电磁微波超均匀温度 2.725 K 为准，幅度 0.12%，约等于银河系船头船尾 ±0.0032 K 的温度浪花。

U-2 的"差分微波辐射仪"以加州沙漠为中心，扫描了整个宇宙 360 度的天球。在扫描过程中，差分辐射仪的方向如刚好和银河系的船头船尾方向一致，则所量出的幅度差最大。从这个方向旋转 90 度后，差分辐射仪所量到的银河系左舷（port）和右舷（starboard）的幅度差应为最小，

宇宙起源

接近零。其实，这类数值变化在自然界时常见到，有如秋千来回有规律的高低摇荡，或春夏秋冬四季的温度变化。在三角学中，我们管它叫正弦（sine）或余弦（cosine）变化。它的图形在物理上，被称为"偶极"（dipole）。

斯穆特取得这份分布在一个立体天球的宇宙微波差分数据后，就以"穆尔威"（Mollweide）等面积投影技术，把整个天球差分数值转移到一个两轴长为 2 比 1 比例的椭圆形平面上（图 7-2）。

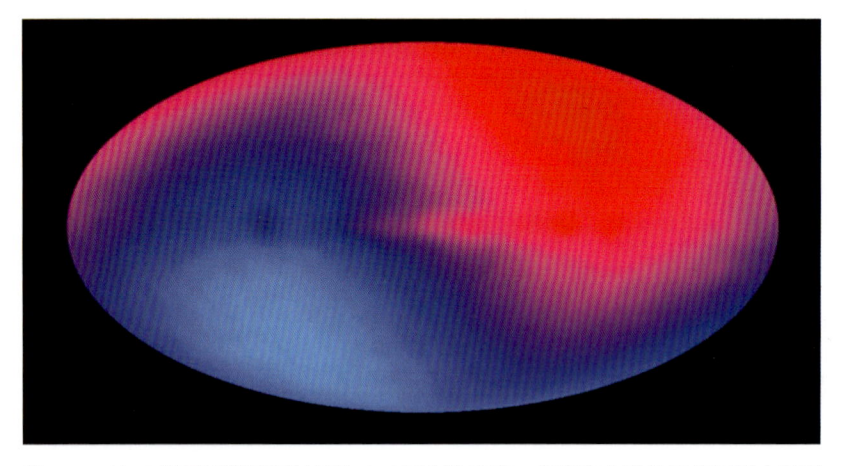

图 7-2　U-2 测量到银河系以每秒 350 千米的速度，在宇宙电磁微波的海洋中激起的温度 ±0.0032 K 变化数据。长轴长为 3.14（π）×930 亿光年，长轴方向和银河系盘面平行。温度变化呈余弦状，标出银河系在宇宙微波海洋中运动的方向，约从西南朝东北方向移动。（Credit: NASA/COBE Science Team/G. Smoot）

人类对这类由立体球面转成平面的投影法并不陌生，地球的立体球面，也常以这个等面积投影方法转变成椭圆形平面的世界地图。本书中所有宇宙的立体天球电磁微波数据，皆以相同方法转移到平面的椭圆图形上。

宇宙电磁微波自身的不均匀度，估计值在这个数值的百分之一数量级上下，只有在太空中才有可能量出来。但这个 ±0.0032 K 的温度浪花，经仔细对比后，斯穆特惊奇地发现，方向竟然颠倒了。这好比巨轮在海洋中航行，自以为加足马力向前开，但到船舷边一看，竟是船尾乘风破浪往前走。船尾变成船头，到底是何原因？船开进百慕大三角（Bermuda Triangle）了吗？

几经周折，得到了合理的解释。原来，整个银河系正在向与太阳系绕银河系相反方向，以每秒约600（250+350）千米的速度，朝长蛇座（Hydra）方向一个质量和大小近银河系千倍的超大星系团陨落。

1976 年，只推论出这个超大星系团应该存在，而实际尚未由望远镜直接观测到。但这个只由电磁微波观测数据推测出来的结论，已足够为斯穆特加油打气。宇宙已经凝聚成大小近亿光年的超级星系团，宇宙在微波中不均匀的种子讯号一定存在，并且由大块头星系团估计，不均匀应大于十万分之一，现在的差分微波辐射仪灵敏度足够。

斯穆特本也想测量到整个宇宙在宇宙电磁微波坐标系统中旋转的迹象，自然界的个体，小至电子、质子、中子，大至太阳、中子星、黑洞、银河系、星系团等，都旋转不息；所以，天经地义，宇宙也应该在旋转。

但 U-2 实验没有量到宇宙旋转的现象，斯穆特也有合理解释。以花式溜冰者为例，溜冰者两臂紧缩，可以高速旋转。但在高速旋转中，水平舒张两臂，转速即刻变慢，两臂舒张得愈远，转速就愈慢。如果溜冰者能借根长竹竿，转速会更慢，当竹竿长到接近无限，转速也向零无限接近。

宇宙的个头，已接近无穷大，就像一个伸出无限长竹竿的溜冰者，转速应接近零，U-2 量不到宇宙旋转的现象，合理。（作者注：如果宇宙真的旋转，就会衍生出一连串令人头痛的问题。）

U-2 量不出宇宙旋转，天文界无异议，但对银河系以每秒约 600 千米的速度，朝一个超大星系团陨落的结论，他们认为不够严谨，理由为这是个震惊宇宙的发现，惊世的发现要有惊世的数据支撑才能成立。U-2 只在加州沙漠上空一地收集数据，搞不清楚所有数据是不是电子仪器在当地特殊环境中的局部效应（local effect），U-2 实验至少要在南半球重复一次。如果两地数据相同，实验可信度就可达到被接受的门槛。

南半球验证

其实，所有的物理实验皆需两个以上的实验室独立验证，得到相同数据结果才能过关。2011 年日内瓦中微子比光速快的实验，动用了人类最先进的仪器，由 42 个世界级研究机构的 179 位优秀物理学家联名发表论文，声势浩大。但世界上别的独立实验室就是量不出相同结果，没有第二个验证，造势再大，像以前的"冷聚变"（cold fusion）和"单磁极"（magnetic monopole）等，最终也逃不过销声匿迹、无疾而终的下场。更尴尬的是，太急于抢风头，弄不好会搞得身败名裂，被打入万劫不复的炼狱。

斯穆特知道第二轮独立验证的厉害，即刻筹划南进策略。

对美国以外的国家而言，不管 NASA 把 U-2 涂上再鲜亮的白色，它还是墨蓝色的间谍飞机，敏感性高。在南半球，美国最好的盟邦是澳大利亚，澳洲天高地阔，天空向南十字星空清澈开放，为最佳实验场地。但澳洲太远，U-2 飞不到，需打包装箱空运，先解体 U-2 还得在遥远又无齐全设备的基地重装，费用太高行不通。

阿根廷或智利也可以，但两国当时正在边界集结重兵，随时有开战的可能。秘鲁地处南纬 13 度，虽是南半球，但远不及智利和阿根廷具有南半球开阔的星空视野条件。另外，秘鲁接近赤道，水汽极重，对精密电子仪器也不利。且该国还刚经历了军人流血政变，政局仍在动荡之中。但当时别无更好的选择，只能去秘鲁了。

斯穆特和一位同事先打前阵做可行性评估，抵达秘鲁首都利马（Lima）后，直奔美国使馆空军武官，请求协助。武官掂量一下，U-2 飞机直飞入

第七章　不均匀

境需使用首都空军基地，还需要机棚停泊 U-2 和电子仪器以防湿气，飞行员外加 20 余名维修 U-2 和宇宙微波实验的技术人员入境，U-2 起落架和机鼻操作设备，还有专用燃油等需要安置。

一朝权在手，便把令来行。唔，手续复杂，需数星期处理，你们先请回酒店休息，听信。

出师不利，当晚和同事喝到茫，沮丧。

第二天一早，带着宿醉后的头疼，直闯秘鲁首都空军基地，拜访负责空军的当地官员，半小时内说清楚来意后，热情的拉丁美洲军官猛点头，左一个没问题，右一个 OK。两小时内 U-2 大队人马进驻首都空军机场案子搞定。

大获全胜，当晚和同事又喝到茫，庆祝。

隔天返美，在赴机场的途中，到使馆绕了一下，通知美国空军武官，事已办成，不需要他的帮助了。牛！

在总部工作超过 25 年，我可以这么说，斯穆特是 NASA 梦寐以求的太空科学实验领军人才，智商情商全满分。

U-2 在南半球秘鲁测得的数据，与北半球加州的数据完全相同。

从这些测量中，宇宙电磁微波为宇宙坐标系统已明确建立。人类失去了以太，却找到了电磁微波宇宙坐标系统。在宇宙中，人类又多了一个新玩具。

狮　吼

银河系以每秒 600 千米的速度在超均匀的宇宙电磁微波坐标系统中，激起的多普勒微波浪花，比宇宙微波自身不均匀的胎记，应高出 100 倍左右，也就是强出两个数量级。两相比较，一个像狮吼，一个如婴啼。银河系列车夜以继日地航行，婴啼就永远淹没在狮吼的多普勒噪音之中，要清理

宇宙起源

出婴啼讯号就得先过滤掉狮吼。所以，狮吼数据获得后，它的重要性就更上一层楼，成为挡在追寻宇宙微波自身不均匀讯号的第一障碍，必得先拔除。

这个狮吼噪音之中，也包含着地球以每秒 30 千米绕日的较微弱的多普勒效应，这个噪音以 6 个月为周期，周而复始不息。这两部分噪音就如前面举例说明左右两边学生弯腰踮脚一样，所代表的是一个具有方向性的规律变化的杂音。以 U-2 获得的数据，方向性的噪音可完全被过滤掉。

太阳系位处银河系之内。银河系本身也辐射出各类波段的电磁波，包括微波在内，从银河系的扁平光盘向银河系中心方向望去，微波的噪音最强。这类噪音与银河系运动无关，肯定比宇宙原始微波不均匀讯号强很多，也源源不绝地向地球星空输送。要揭开宇宙微波不均匀面纱，也必须过滤掉银河系微波噪音。

银河系微波噪音还得以 U-2 飞机以外的不同实验方法测量，比 U-2 艰难多了，下面再谈。

银河系以每秒约 600 千米的速度，向一个超大星系团方向陨落的新发现，已是相当了不起的成就。但对斯穆特而言，这只能算是奥运前的热身，牛刀小试，上天测宇宙微波不均匀的实验，还有迢迢万里路要走。

蜀道难

斯穆特和马瑟的事业命运，和"宇宙背景探测器"太空实验紧密捆绑在一起。

因为要执行"阿波罗"计划结束后的新太空策略，"宇宙背景探测器"就被安排要排大队才轮得到上航天飞机。这个决定在谈宇宙微波黑体辐射实验时已提到。

从 1977 年起，斯穆特团队就开始发展研制上天测量微波的仪器，基本蓝图是以从加州发射的航天飞机为基础，U-2 的差分微波辐射仪为主要参考，强化上天仪器。一切在期待中平稳顺利地进行，上天的时刻指日可待。

U-2 只用两个张角为 60 度的差分辐射仪。上天的设计用三个，并启用了三个微波波段（31.5、53 和 90 GHz）。航天飞机宽敞，没有 U-2 飞机绑手绑脚的空间限制，可以把每个辐射仪之间的张角加倍，拉宽到 120 度。在目前相差 120 度、距离远达 310 亿光年的两个方向的星空，如果它们中间微波强度的差分不变，就更能加强差分来自宇宙年龄 37.6 万年时古老天空的信心。每个辐射仪的分辨率为 7 度，换言之，要覆盖整个 360 度星空，每个辐射仪在每个波段要重复测量（360/7）^{2}，即 51.4×51.4 = 2645 次。这三个辐射仪装在一个轮盘上，每 10 分钟转 8 圈（0.8 rpm）。所以，"宇宙背景探测器"每个波段的差分值数目为 2645 的 6 倍，即第 1 个辐射仪对第 2 个辐射仪量差分，第 2 对第 3，第 3 对第 1，再反过来，2 对 1、3 对 2、1 对 3 等。每对差分值在数年任务期间重复测量多次，如果每次测量的数值都相同，就表示仪器操作正确无误。

"宇宙背景探测器"的微波温度分辨率为绝对温度的万分之一度，即 0.0001 K。

但是，第一代宇宙微波卫星上天的道路崎岖难行。正是：蜀道难，难于上青天。

1986 年 1 月 28 日，"挑战者号"升空爆炸，7 位航天员罹难。

像"宇宙背景探测器"一样，哈勃望远镜也在排队等待登上航天飞机。两相比较，哈勃出身尊贵，是纳税人和国会议员心爱的玩具。虽然不知航天飞机何时复航，但航天飞机计划一定得走下去。为了安全考虑，复航后航天飞机不能像以前那样玩命地飞，机位也一定紧张。在不得已的情况下，除哈勃发射和维修任务，以及为数甚多的美国和欧洲与日本的太空实验室（SpaceLab，SL）外，其他任务，如"宇宙背景探测器"卫星，即刻被从载荷（payload）名单中除名。跟踪与数据中继卫星（tracking and data relay satellite，TRDS）也从航天飞机任务递减，逐渐转移到由一次性火箭发射。

当时美国总统里根（Ronald Reagan，1911—2004）在太空英雄追悼告别仪式中，宣布追加 NASA 经费，另造一架全新的"奋进号"（Endeavour）航天飞机来取代"挑战者号"。美国人发誓，仍然要踏着英雄以热血铺出的道路，勇往直前，继续摘星（Reach for the Stars）。

化悲痛为力量，航天飞机计划没被击败，仍在昂首挺胸前进，但宇宙微波任务的那张航天飞机机票，就如东逝的江水，一去不返。9 年的仪器研制，以航天飞机为发射平台，在重击下，也脱钩漂流，失去下锚点。

我想，当时大多数负责宇宙微波任务的工作人员皆持悲观态度。如此强势的负能量，不易克服，尤其对马瑟黑体辐射团队来说，更是难上加难。马瑟团队都是公职人员，受政府各类法律规定重重捆绑，不能公开游说有同情立场的国会议员和支持宇宙微波实验的纳税人团体。

黑脸白脸

为"宇宙背景探测器"找回上天机票的难题，就落在斯穆特的肩上了。

斯穆特是 NASA 编制外的主要研究员（principal investigator，PI），身份为美国公民，以学术自由著称的加州柏克利校区为基地，受宪法第一增列条款"言论自由"的完全保护，天皇老子也动不了他。

斯穆特的脑筋又高速运转起来。好，既然 NASA 不要我了，我总可以另找别人吧。"挑战者号"出事后，许多航天飞机的商业卫星发射任务也应声中箭落马，急着抢购一次性发射火箭，顿时造成美国火箭市场供不应求的局面。NASA 撒手后，宇宙微波任务势单财弱，竞争不到一次性火箭，更何况商业卫星匆忙换马也乱了阵脚，一次性火箭发射数度爆炸出事，安全性也令人担忧。

斯穆特认为，最好的策略就是和欧洲同行联络，以科学合作的方式，

第七章　不均匀

换取阿利安发射运载机票。阿利安安全纪录好。

当科学实验寻求国际伙伴时，一般状况是已到了卖血保命的地步。科学数据珍贵如钻石，和人分享实属万不得已，更何况精密仪器中又藏有知识产权机密，给出去颇令人心疼。

斯穆特在欧洲找机票是玩真格的，但命运把他带到这一交叉路口，最佳安排是和马瑟同时另唱一出戏，分别扮演黑脸和白脸，观众是 NASA。

斯穆特扮黑脸，全心向欧洲扑去寻找新搭档，并炒作国际媒体。马瑟扮白脸，一边向 NASA 通报进展，一边批评斯穆特不顾国家荣誉，做不到宁缺毋滥，牺牲小我，乌江自刎了断的地步。

几经媒体报道后，引起科学团体和国会的关注，很快就激起 NASA 的妒忌和占有情结。

以后的发展如黑体辐射篇中所述，太空宇宙微波任务重新向美国政府归队。NASA 另起炉灶负起责任，维持资金链不再断裂。太空宇宙微波仪器快马加鞭，终能由航天飞机宽敞的豪宅移出，搬进三角形火箭拥挤的小公寓中，1989 年 11 月 18 日，"宇宙背景探测器"被送上了天。

黑脸白脸策略，以后也有人抄袭，但效果优劣不一。"9 · 11"事件以后，又经雷曼兄弟金融风暴，美国政府负债累累，已练就铁石心肠，刀枪五毒不入。妒忌占有情结，有如明日黄花，结痂深藏，不复重现。

从天上传回的宇宙微波数据，黑体辐射一摊，如前所述，迅速结案。不均匀部分，数据分析迂回曲折，路途并不平坦。

南　极

数据分析困难，最深层原因是宇宙微波的不均匀讯号太弱，除了被银河系的多普勒狮吼盖住外，也被银河系光盘自身发出的微波遮掩。

银河系是一个扁平的光盘，直径约 10 万光年，中央明亮厚实。这个光

宇宙起源

盘散射出很多波段的光谱，从硬的伽马射线，经紫外线、可见光、红外线、微波到软的无线电波，无一不备。

银河系的微波辐射近距离传播到太阳系，应强于宇宙微波不均匀讯号。U-2 量出的狮吼，是因银河系和地球绕日在宇宙微波中航行速度而激起的；而银河系本身的微波辐射和银河系运动无关。银河系就像是一个超巨大型的微波天线，源源不绝地以 360 度全方位，当然也包括地球方向，输送微波能量。

斯穆特的 U-2 数据中，肯定已含有银河系本身的微波辐射。银河系为我们的本家星系，距离近，以理论模式可以计算出微波强度。这些理论估计值以往只要找几个数据点，过滤掉银河系本身的微波辐射，得到银河系多普勒效应，学术界便可接受。但现在我们要从强烈的本星系的微波辐射中，过滤得出微弱的宇宙微波，就好像从被狂风吹乱的波涛中，要找出一粒石子丢在平静湖面所激起的涟漪一样。

宇宙的原始微波太过微弱，银河系只要咳嗽一声或叹一口气，就可能产生吃不完兜着走的微波效应。以 U-2 同样的理论过滤方式，来处理原始微弱的宇宙微波，无法完全消除对银河系微波源因素的顾虑，天文界便会认为数据分析工作没做到家，粗糙草率，不够漂亮。

银河系微波对宇宙原始不均匀微波讯号所产生的噪音，如同前面举例说明学生站在高低不平的地板上一样，只要测量到银河系微波实际分布的数据，就可以从宇宙不均匀微波讯号中除掉。

当时"宇宙背景探测器"在天上工作了两年，斯穆特已收集到大量的差分数据，分析进行顺利。以 U-2 和银河系理论微波数值过滤，宇宙电磁微波不均匀的纤弱身影已经呼之欲出。

在地球上跟天上的微波打交道，其实有个比用 U-2 飞机更好的方法，斯穆特在 29 岁时就知道了。但他先易后难，挑容易做到又有成果的事情先做，累积些资本后，再渐渐滚雪球扩大收获。

第七章 不均匀

在地球测量天外微波最好的地方是南极洲大陆。

南极洲终年天寒地冻,大气中水汽几近于零,比地球最干燥的沙漠还要干旱。地球的太阳轨道,和银河系盘面呈 60 度角交叉,而地球倾角 23.5 度,所以只要沿南极轴天庭偏 37.5 度,就可对准人马座(Sagittarius)方向,轻松看到银河系中心部位。

人马座位于黄道上,为射手宫主要星座,在冬至前后,也就是南半球的夏天时出现。

在南极看银河是地球上能找到的最前排位置,正对一片银河系中心方向的广袤星空,大气干燥又远离人造微波噪音,实为最理想不过。

所以,在南极装上碟状微波天线,便可盯着银河系中央测量最强的微波源。

即使在夏天,南极的温度也在摄氏零下 30 度,工作环境恶劣。斯穆特团队在强风劲雪中组装了一个直径 10 米的无线电天线,并以冰砖和绳子这种比较原始的方法,支撑起天线到 30 度倾角,上下扫描银河系所有重要微波源,务必保证本星系微波校正的数据正确无误。

经过在南极大陆艰苦的奋斗,斯穆特取得了本星系的微波辐射数据。这组数据与以前别人在地球非南极洲纬度位置量到的强度符合,只是它更完整、更干净,又是自家数据,来龙去脉一清二楚,可放心使用。

从"宇宙背景探测器"卫星传回的宇宙微波图像,如不做任何处理,看到的是一片超均匀温度(图 7-3),覆盖住整个 930 亿光年的宇宙。这个超均匀温度估计为 2.725 K,好像是宇宙亢龙为自己特别设计了一层厚重的保护膜般,把所有的绝密讯息严实收藏起来。天书本不是给人读的,聪明的人类要看,先得把那层厚厚的保护膜揭开,并且还要知道以后每道机关开锁的密码。

厚重的保护膜,就是盖在微弱不均匀图案之上的超均匀 2.725 K 数值。这就好比从几千米外要量人的高度,但此人站在广州小蛮腰顶层,要得到

宇宙起源

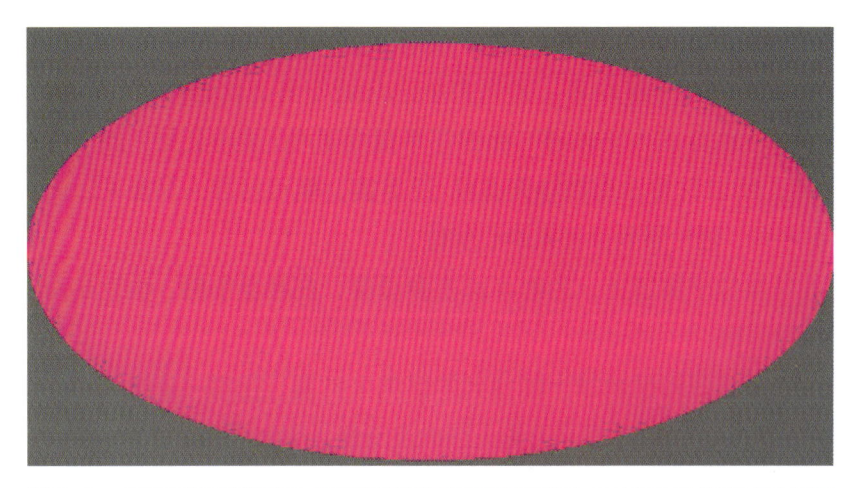

图 7-3　"宇宙背景探测器"卫星取得的宇宙微波在整个 930 亿光年的宇宙分布图像，超均匀温度估计为 2.725 K。好像是宇宙亢龙为自己特别设计了一层厚重的保护膜，把所有的绝密讯息严实收藏起来。（Credit: NASA/COBE Science Team/G. Smoot）

精确身高就得先把小蛮腰的高度从整个测量的总高度中减掉。这层厚重的保护膜，可以用前面提到的差分测量技术，和微波中的杂音，同时消除。

揭掉第一道保护膜后，银河系以每秒 600 千米的速度在超均匀的宇宙电磁微波坐标系统中，激起的多普勒狮吼效应就呈现出来了［图 7-4（A）］。这部分就是前面举例说明的，有如左右两边学生弯腰踮脚所代表的一个具有"偶极"方向性的规律变化的杂音。现在以 U-2 数据把它过滤掉，不均匀部分已呈若隐若现之势［图 7-4（B）］。[作者注：在实际数据处理过程中，还得过滤掉微弱的四极（quadrupole）部分，情况较为复杂，在此省略。]中央横腰斩的鲜红强烈微波带，就是从本星系来的微波噪音，就如学生站在不同高度的地板那一部分；在去南极测量前，这是最令人头疼的问题，现在呢？不怕了。

以自家从南极洲测量到的银河系微波数据，再过滤一次，纯净的宇宙电磁微波不均匀图像，就完全呈现在眼前［图 7-4（C）］。

第七章　不均匀 ◀

图 7-4　宇宙电磁微波校正三部曲。(A) 揭掉超均匀 2.725 K 的第一道保护膜后，银河系在超均匀的宇宙电磁微波中的多普勒效应就呈现出来了；(B) 再过滤掉银河系的多普勒效应，不均匀部分已呈若隐若现之势；(C) 再将中央横腰斩的鲜红的银河系微波的噪音过滤掉，纯净的宇宙电磁微波不均匀图像就完全呈现在眼前。(Credit: NASA/COBE Science Team/G. Smoot)

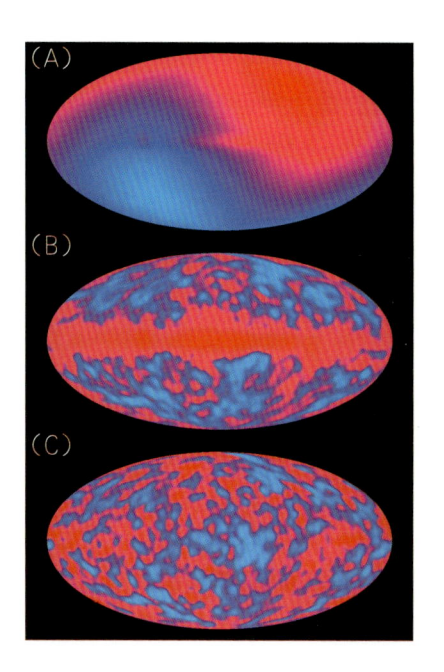

我相信，在 1992 年 1 月，斯穆特已兴奋到心脏上升到喉咙的地步，并且剧烈地怦怦跳个不停，但身为领军人物，在人类文明突破的重要关键时刻，自我要求绝对要保持冷静。

在 1 月后的三个月内，斯穆特对完全过滤后的纯净宇宙电磁微波数据夜以继日地重复检验，务必达到零误差的精确程度。

他又做了数据加工。现在宇宙微波不均匀图像已裸现，但不均匀面积大小又是如何分布的呢？这牵涉不均匀现象到底是怎么产生的物理核心问题。检验宇宙微波不均匀面积的大小，就是探入了宇宙起源最深沉的奥秘，需投资些笔墨才能讲清楚，以后再详谈。

加工工作，用专家的语言来形容，就是把宇宙微波在某波段的 2645 点数据的不均匀面积大小，以球面调和函数（spherical harmonics）展开，从视觉张角 180 度到 7 度，分成约 25（180/7）个极点（pole），逐一清列。

099

宇宙起源

这是大学二年级课程中学到的应用数学技巧。

可惜的是"宇宙背景探测器"的分辨率不够，只能看到 7 度以上的视觉张角分布。宇宙的奥秘藏在 1 度以下，得使用第二代以后的微波卫星观测才能看得到。

看到上帝

1992 年 4 月 23 日，斯穆特率领他的研究人员在美国物理学会（American Physical Society）春季会议上，发表了"宇宙背景探测器"测量出来的宇宙电磁微波不均匀分布图像（图 7-5）。

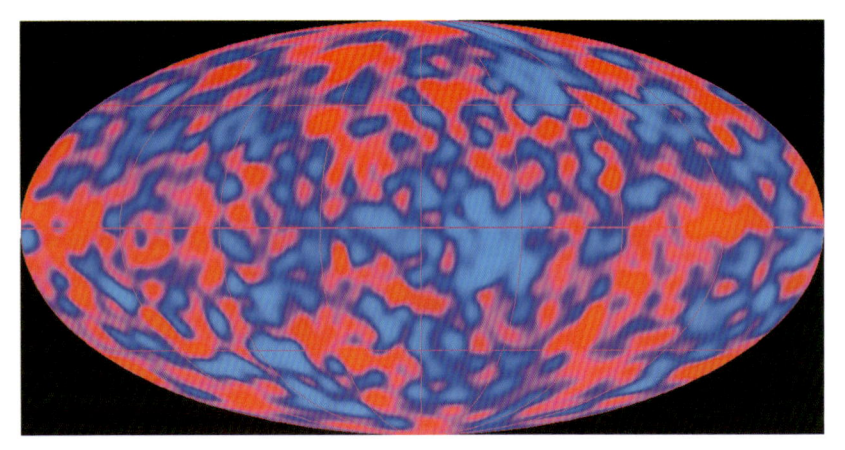

图 7-5　纯净的宇宙电磁微波不均匀图像，好像是上帝现身。（Credit: NASA/COBE Science Team/G. Smoot）

这个报告震惊世界，当时媒体最常用的报道字眼是："好像看到上帝。"（It's like seeing God.）

最后统计，共有 2000 多位科技人员参与了"宇宙背景探测器"计划，斯穆特是主帅，马瑟为副将，打了 18 年硬仗，为人类文明取得了辉煌的成果。

第七章　不均匀

霍金赞语:"人类20世纪最伟大的发现,甚或是人类有史以来最伟大的发现。"

斯穆特获2006年诺贝尔奖。

宇宙电磁微波不均匀分布的发现,巩固了宇宙起源于大爆炸的理论,同时也为暴胀理论提供了宇宙以量子测不准原理起源的依据。不均匀皆由宇宙以暴胀起源时失控的量子起伏所引起,这个不均匀的原始种子引发了以后的宇宙凝聚。

斯穆特的不均匀图像,虽然记录下宇宙在37.6万年时的物质分布状况,但分辨率受第一代差分辐射仪的限制,止于7度视觉张角,不够精确。以理论估计,宇宙原始微波不均匀分布,在1度视觉张角以下蕴藏着更多更大的宇宙起源秘密。

看样子,筹划第二代宇宙侦测卫星的时机,现在已经成熟了。

在这些宇宙起源秘密之中,人类最想知道的是:宇宙是不大起大落的吗?

像宇宙撒下慈悲的凝聚种子一样,宇宙应是温柔的,应是平直的。宇宙起源时不均匀分布的电磁微波中,含有宇宙温柔平直的讯息吗?

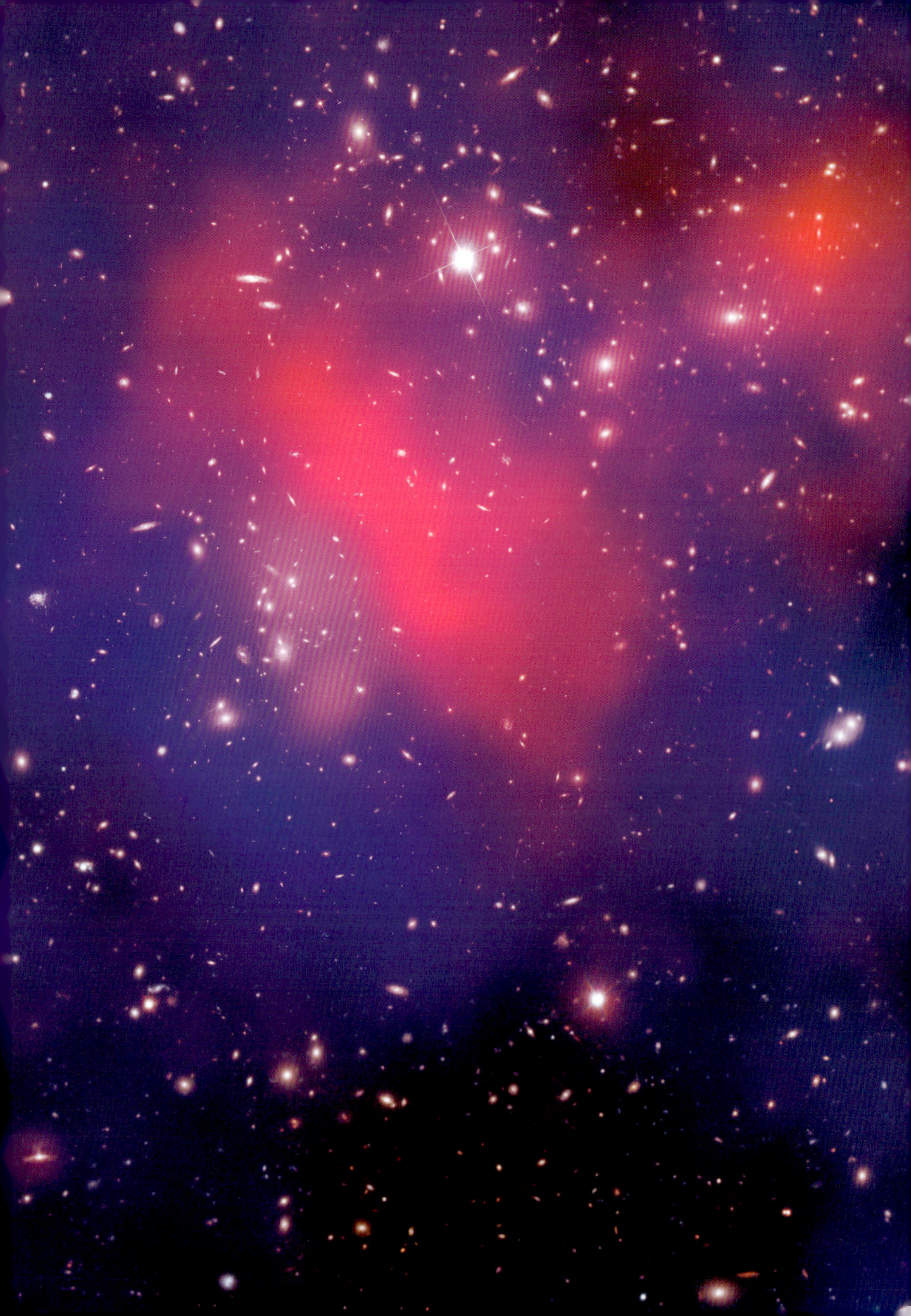

第八章
平 直

> 宇宙起源

"**达**坂城的石路硬又平啊，西瓜大又甜啊。那里住的姑娘，辫子长啊，两只眼睛真漂亮……"

新疆维吾尔族小伙子为漂亮的姑娘，铺出了一条温柔平直的石路，迎接未来的媳妇回家。大漠中平直的石路，含有说不尽的情意和体贴。

狄基认为，宇宙也早已为人类铺出了一条平直的路。要不，人类无法出现。

狄基宇宙平直的推论，主要来自于对宇宙质量密度的估计，不需借助1965年后的电磁微波知识，比黑体辐射的推论更早出现。

宇宙原理

要理解如何估计宇宙的质量密度，我们得先知道一些专家使用的简单计算方法。

第一，专家把宇宙看成一个质量分布均匀（homogeneous）的球体，球体的体积要多大有多大，但离无穷大还差一点；第二，在均匀质量分布的空间里，不管从宇宙哪一点360度看出去，周遭环境都一样（isotropic），即等向。这个质量分布均匀和等向的两个性质，就是一般被称为的爱因斯坦的宇宙原理（cosmological principle）。（作者注：遵从宇宙原理运行的宇宙不得旋转，因为宇宙一旋转，就得有旋转轴。每个星系，因离旋转轴距离不同，速度不一，周遭环境就各有不同，等向性质不成立。）

问题接踵而至。晚上看星星，猎户座英武，冬季大三角湛亮。颗颗星星灿烂而有个性，哪看得出均匀和等向性质？

冬季大三角中的参宿四和天狼星等都在银河系内，距离太近，不在宇宙原理适用范围之内。

打个比喻，在森林里散步，每棵树都看得一清二楚，互不相同。而从民航机巡航的高度下望，每棵树个体的形状就消失了，看到的只是一大片森林。从更高的太空俯视，连森林都消失了，只剩下陆地轮廓及平如镜面的海洋。把距离再加大，从现在已脱离太阳系的"旅行者号"回眸，地球只是镶在小行星带中一粒模糊的小蓝点。如果再做个大距离跳跃，从哈勃望远镜往外看到100万光年，群星已使视觉开始出现前后重叠的现象。假如再看出到1000万光年，星星和星系呈密密麻麻分布局面，几乎已堆在一起。1亿光年，星星和星系就如浓雾般，均匀朦胧地连成一片。

所以，宇宙原理适用范围至少得1亿光年。在这个尺度内，所有天体的总质量以平均密度乘以体积代替，误差极小。我们的宇宙直径是930亿光年，比1亿光年大得多。用宇宙平均密度来估计930亿光年大小宇宙的宏观运动性质，离谱不远。

1929年，从哈勃开始，人类就努力收集宇宙膨胀速度的数据。因为我们是住在地球上的人类，当然只能以地球为中心，向外测量宇宙膨胀的速度。还好，这么测量并不犯规，因为宇宙原理第二条的等向性质说，地球位置和其他宇宙的所有地段一样，都享有以自我为中心的权利。

目前估计，以地球为中心量出去，宇宙膨胀速度每隔100万光年的距离，就增加每秒20千米的速度。换言之，距离地球100万光年的球面，正以每秒20千米的速度飞离地球而去。离地球200万光年的球面，正以每秒40千米的速度飞离地球。300万光年，每秒60千米；1000万光年，每秒200千米；1亿光年，每秒2000千米等，依此类推。每100万光年增加约每秒20千米这个数字，就被称为"哈勃常数"（Hubble constant）。[作者注：专家用的"哈勃常数"比此数大3.26倍，原因与视差（parallax）的三角几何性质有关，在此略去不谈。]

宇宙膨胀时，也带着物质一起移动。物质一动，就有了动能，动能是正能量。

宇宙是个均匀密度的球体，像牛顿的宇宙一样，内层物质以万有引力吸引外层物质，层层相吸，造成了牛顿宇宙向内陨落的势能。势能是负能量，只有在宇宙最外层无穷远的地段势能才接近零；落井下石，那块石头往下坠的能量就是由势能那里借出来的；爬得高跌得重，跌的能量也由势能而来。

还好，现在向内陨落的负势能被向外跑的正动能撑着，宇宙就不会即刻塌陷，人类也能苟延残喘地活下去。

但人类不甘心苟延残喘地活着。我们要在宇宙中活得安全，活得平稳，活得快乐。于是人类就要宇宙中的势能和动能抵消，最好是完全抵消。也就是说，我们宇宙由膨胀速度产生的正动能，刚好不多也不少，恰巧就等于宇宙因万有引力向内塌陷的负势能。

要达到这个境界，就得要求宇宙的总质量不能太大，否则负势能负得太大，宇宙虽然会向外膨胀一阵子，但力道不够，最终会被物质的重力场（即负势能）拉回来，膨胀转向会变成塌陷。也得要求宇宙的总质量不能太小，否则重力场的负势能拼不过向外膨胀的正动能，宇宙就会永远膨胀下去。一条道走到黑，直到散花玩完为止。

临界密度

这个使宇宙不塌陷也不散花的特殊密度，就被称为"临界密度"。

以目前哈勃常数（即宇宙往外飞的速度）估计，使用前面形容的宇宙原理计算出负势能和正动能，强迫它们数值相等后抵消，就可以得到宇宙的临界密度，约为每立方厘米含质量 10 万亿亿亿分之一克，或 10^{-29} g/cm^3。换句话说，我们的宇宙每立方米内，仅含约 6 个中子和质子类的粒子的质量。

专家最喜欢两个数字，一个是 0，一个是 1，因为 0 和 1 看起来简单庄严又美丽。宇宙间最重要的数字，专家总是想方设法把它与 0 或 1 挂钩。宇宙的"临界密度"无疑为重量级数值，够资格被转化成 1。于是，专家先将宇宙的一般密度以 ρ 代表，再将临界密度值 10^{-29} g/cm^3 以 ρ_0 命名。于是宇宙的一般密度就以 $\Omega = \rho / \rho_0$ 的"相对"密度比值表示，而当 $\rho = \rho_0$ 临界密度时，就变成 $\Omega_0 = \rho_0 / \rho_0 = 1$ 的相对密度。脱胎换骨向 1 靠拢成功。

在"宇宙电磁微波"一章中提到，1922 年远在苏联的弗里德曼使用宇宙原理，以现世不久的广义相对论导衍出宇宙有收缩、平直和膨胀三种模式。当时弗里德曼只想以理论表示，如果宇宙的膨胀速度是如此这般，而宇宙的密度又是如此那般，他就能得到这三种模式的宇宙。至于宇宙究竟以何种模式出现，他并不关心。

当然，其中不收缩也不散花的宇宙，即平直的宇宙，就是弗里德曼在宇宙三维空间以曲率为 0 来表示的宇宙。所以，不大起大落、温柔平直的宇宙，是相对密度为 1 的宇宙，也就是曲率为 0 的宇宙。0 和 1 两个数字，平直宇宙全用上了。

以这个新的标尺估量，相对密度大于 1 的宇宙，最终会塌陷；相对密度小于 1 的宇宙，最终会散花。相对密度刚好等于 1 的临界密度宇宙，不塌陷也不散花，只在塌陷和散花两个状态的中间状态存在，直到永恒。

不塌陷也不散花，就是不大起大落的宇宙，也就是狄基所说的，平直的宇宙。

拥有临界密度的宇宙有一个特性，就是它的总负势能加上总正动能的数值为 0。在这类宇宙中，负势能像是一个财力永不枯竭的银行，可以向宇宙提供几近无限的正能量贷款，要多少给多少，绝不吝啬。星系组成的物质，如星系、太阳系、地球，还有你和我，都属于正能量，都是从银行借出来的，借出的正能量愈多，银行挖出的负能量的井也就愈深。黑洞是宇宙在局部空间讨债的结果，宇宙最终会把放出去的债全讨回去，释放出所有的负能量，中和掉所有的正能量，再由几近于零的体积开始，开放贷款申请。

从表面看来，宇宙正能量像是终极的免费午餐。其实，我们宇宙现在享用的午餐并非免费，只是买单时间尚未来临而已。

我们宇宙的临界密度每立方米内，仅含约 6 个粒子的质量，这个密度

宇宙起源

是水密度的 10 万亿亿亿分之一，有如把一片雪花均匀地分布在地球大小的体积之中，比在地球上用人工能产生的最高真空还要真空上近 1 亿亿倍。在 1 立方米内只有这么 6 个粒子，一眼看去，好像微不足道，其实不然。

我们的宇宙经高能物理学家计算，约有 10^{80} 个中子和质子类的粒子（作者注：质子比中子多 7 倍，见图 5-1）、等量的电子和一些别类少数粒子，还有 10^{89} 个光子等。这些粒子组成了我们熟悉的物质，也就是元素周期表上所有的物质。但这些所谓的一般物质，包括了发光的星星、星系、昏暗的白矮星、褐矮星、无所不在的星尘，还有中子星和黑洞等。把它们全加起来，仅及临界密度的 0.05（或 5%）不到。所以，如果我们宇宙只含这些物质，肯定达不到临界密度所需。只靠这么一点物质的重力场，抓不住目前以哈勃速度往外飞奔的宇宙，最终必以散花收场无疑。

我们能看得到的宇宙，离狄基想要的平直宇宙，还差上一大截。

暗物质

1933 年瑞士天文物理学家兹维奇（Fritz Zwicky，1898—1974），观察到宇宙中一些超大星系团中个别星系的速度，已远远超出星系团脱离速度。兹维奇是加州理工学院教授，一生是个不按常理出牌的学者，我行我素，想法天马行空，不在乎世俗看法。这个观测结果当代天文学家难以接受，但兹维奇坚持，宇宙中一定有看不见的暗物质，以它的额外重力场，才能把高速运行的星系拉住。天文界的反应并不热烈，仅以"失踪物质"（missing mass）等闲视之。

20 世纪 60 年代，一位 30 岁刚出头的年轻女性天文学家鲁宾（Vera Rubin，1928—2016），开始专心测量许多螺旋状星系的转速（图 8-1），很快就发现：星系的转速与我们所知的物理定律不符合。面对这类精确的观测数据，当代的天文学家只有两个选择：①宣判牛顿的力学错了；②接

第八章 平 直 ◀

受暗物质的存在。年轻的鲁宾，紧抱着严谨的科学证据，没被排山倒海的质疑击败，挺下来了。天文界终于接受了暗物质的存在。

爱因斯坦预测宇宙应有重力透镜（gravitational lens）的存在，但他认为这只是纸上谈兵的理论游戏，在实际的观测中，人类肯定永远看不见这类需要上百亿光年距离的重力聚焦现象。他没想到，哈勃望远镜上天后，人类竟然观测到了重力透镜现象。刚开始看到重力透镜现象时，"寻常看不见，偶尔露峥嵘"，觉得好珍贵，但隔了一阵子，哈勃不只看到一两个重力

图 8-1　在大熊星座方向的螺旋星系 M101，距地球 2700 万光年，直径近银河系的两倍，含上万亿颗恒星。从对这类螺旋星系周边晕部位转速的测量，暗物质的存在终于被天文界接受认可。（Credit: NASA/HST Science Team）

透镜，而是多处开花，愈来愈多（图8-2）。有些重力透镜是由强势暗物质提供重力场，才能将宇宙遥远的星系，在哈勃望远镜的焦点成像。重力透镜的物理现象，又给暗物质的存在提供了一个坚实的佐证。

所以，现代天文学家达成共识，皆认为暗物质的确存在，但麻烦的是这类物质深藏暗处，神龙首尾皆不见，到目前还侦测不到。

以鲁宾的数据估计，宇宙暗物质的总质量约为一般质量的6倍。所以到了20世纪60年代，一般物质加上暗物质后，宇宙的密度已接近临界密度的30%。

图8-2　Abell 1689星系团距地球22亿光年，以它为重力透镜，将128亿光年外的A1689-zD1星系在哈勃望远镜的焦点上，以圆弧形状成像。这类物理现象为暗物质存在提供了另一个坚实的佐证。（Credit: NASA/HST Science Team）

第八章 平　直

狄基发话了。他认为宇宙不应只放出残缺的爱，它既然已给出了平直宇宙所需密度的三分之一，就应该放手全给出来，到达临界密度地步。

宇宙也应像达坂城的石路一样，是平直的。但是，即使宇宙有了暗物质，密度仍然还差 70% 多，到不了平直地步。这不够的 70% 密度，要到哪里去找啊？

所以，从 20 世纪 60 年代起，以宇宙平均物质密度为出发点，去追寻平直宇宙的路障碍重重，至"宇宙背景探测器"上天时，已到喊卡的地步。

除了宇宙平均物质密度外，还有别的可用来估计宇宙平直度的方法吗？

斯穆特的宇宙微波不均匀面貌现世后，专家即刻提问，那东一块西一片支离破碎的微波图形是怎么来的呢？

专家们相当肯定，这幅微波图像是宇宙天空在 37.6 万年时的一张古老照片。当时的宇宙天空，因暴胀时量子起伏埋下的不均匀种子，带电的物质已经开始凝聚，分布零乱，不在话下。在这团混沌带电的宇宙中，电磁波碰到了带电的凝聚物质，就产生散射（scattering）、折射、反射，来回折腾，直到宇宙降到了 3000 K，电子被质子牢牢抓住，形成了不带电的氢原子。正电和负电在中性的氢原子中抵消后，整个宇宙就没电了。电磁波从此就不再受中性凝聚物质干扰，与其干净切割（decouple），从此各奔前程。

但在宇宙失去电性的一刹那间，电磁波快门一闪，照下了宇宙天空最后一张照片，然后电磁微波就跟随膨胀的宇宙同步起舞，138 亿年后，这张照片被斯穆特拿到，在他的暗房中被冲洗出来。

这张照片，一定含有很多宇宙的秘密。

先问，其中含有宇宙平直的讯息吗？

不均匀的微波中，如果真的携带了宇宙平直的讯息，讯息一定来自与宇宙平均密度不同的基因。基因不同，就得以不同的思维方式考虑。

宇宙起源

声波振荡

与黑体辐射一样,人类对等离子体物理,也知之甚详。以现在的理解,宇宙在"大爆炸"超高速膨胀阶段,遵循爱因斯坦能量和物质转换定律,形成了中子及带电粒子和光子的混合原始等离子体,并同时肯定引起了一些局部的量子起伏,在萌芽的宇宙等离子体中留下了永恒的胎记。随着宇宙的成长,这个胎记就转移到混沌初开时的等离子体之中。

因量子起伏作用,在原始等离子体造成局部浓度变化,浓度略高部位,重力场增大,中子、质子和电子就向其挤过来,挤呀挤地温度就上升了。挤到极点,光子开始反抗外推,温度随之下降。挤和推就这样反复进行,像空气分子被声波挤推一样,在混沌初开的等离子体中就产生了声波振荡(acoustic oscillation)。

混沌的等离子体就这样振荡不止。在等离子体中的光子,左碰电子右撞质子,不但寸步难行,也跟着振荡不止。转眼间宇宙的大环境降到了绝对温度 3000 K,时为大爆炸后的 37.6 万年,电子速度慢到可以让质子抓住的地步,形成了氢原子。等离子体瞬时没电了,变成中性,反弹力量消失,声波振荡停止。光子一看,机不可失,快门一闪,照下一张当时宇宙天空的留念相片,138 亿年后,被人类天上地下无所不在的无线电大耳朵听到。

以等离子体物理来理解,微波不均匀现象是声波振荡时留下的胎记。在电子、质子往内推挤时产生热,形成高温区;光子将电子、质子往外推时冷,形成低温区。现在观测到的宇宙微波,分布图形不均匀,温度高、低区域有别。应该问的重要的问题是,热区有多大?冷区有多大?

热、冷区之大小形成的原因不难理解。上文提到,电子和质子往内挤的最长时间,不能超过 37.6 万年。同样思维,光子往外推开电子和质子的最长时间,也不能超过 37.6 万年。换言之,宇宙原始等离子体的寿命只有

第八章 平 直

37.6 万年。原始等离子体存在时，内含高能，电子和质子等都以接近光的速度挤和被推，热、冷区的振荡范围从大到小都有，但最大振荡幅度也不应超过 37.6 万光年。

还有一个该问的问题，就是：暗物质参与了声波振荡的壮举了吗？目前理解，因为暗物质只和重力场来往，和具电磁性的光子无互动关系。所以，原始等离子体中的声波振荡，和暗物质挂不上钩。最可能的情况是，暗物质在一般物质挤和推的过程中，以重力场助阵过，但没有直接参与光子、电子和质子的互动反应。

热、冷区最大振荡幅度为 37.6 万光年，是等离子体理论一个重大的发现。宇宙的大小，在 37.6 万年时直径约为 8500 万光年，从那时的宇宙中心望过去，37.6 万光年大小分布的冷、热微波区，以"球面调和函数"来分析，张角约为 1 度。

这个约为 1 度的微波冷、热区的张角，至为关键。换句话说，如果宇宙在 37.6 万年时是平直的，含有这个 1 度张角的等腰三角形，三内角和应为 180 度。如果宇宙一直是在平面上膨胀，经过 138 亿年后，不管这个等腰三角形变成多么巨大，从地球望过去，张角仍应为 1 度，三内角和仍应为 180 度。

人类几千年前就知道，一个在平面上画的三角形，三个内角和为 180 度。人类在地球呈弧状的海洋上航行，也学到在球面上画的三角形，三个内角和大于 180 度。另外，我们也熟悉，在马鞍上画的三角形，三个内角和小于 180 度。所以，人类在宇宙中能找到一个具有尺标性的三角形，量出它的三个内角，就能判断我们的宇宙是否平直。宇宙微波在 37.6 万年时冷、热区内含的 1 度张角的等腰三角形，就是一把珍贵的宇宙"天尺"。

上文提到决定宇宙收缩、散花和平直的相对密度。这些相对密度也可以用几何图形表示。相对密度大于 1，表示其内涵相等总物质产生的重力场够大，宇宙呈球状，最终会以大崩坠（Big Crunch）收场。相对密度小于 1，

113

宇宙起源

表示其内涵相等总物质产生的重力场不够大，宇宙呈马鞍形，最终会以大撕裂收盘。相对密度为 1 的临界密度，其内涵相等总物质产生的重力场不大不小，宇宙平直形，刚好使其向最终不撕裂也不崩坠的境界前进（图 8-3）。

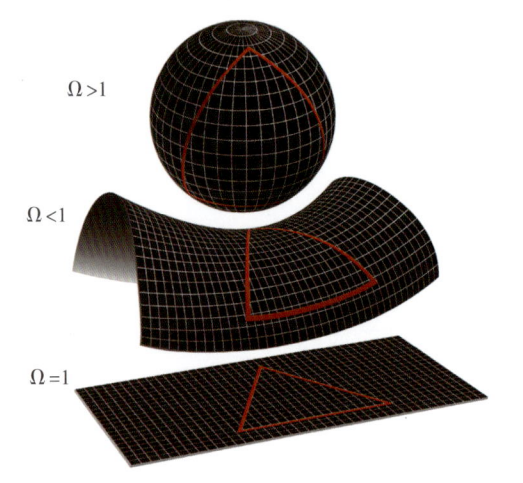

图 8-3　三角图形在球面、马鞍面和平面上几何示意图。Ω 为相对密度。Ω>1 为球状宇宙，三内角和大于 180 度。Ω<1 为马鞍形宇宙，三内角和小于 180 度。Ω=1 为达到临界密度的平直形宇宙，三内角和等于 180 度。（Credit: NASA）

平面图案

观测方式就在当今接收到的微波分布图形中，决定微波不均匀分布的几何性质，它是在平面上分布的图案呢？还是在球型或马鞍形上分布的图案呢？

简单地说，宇宙电磁微波中含有宇宙平直与否的讯息，即使找宇宙中欠缺的 70% 密度这条路走不通，宇宙微波却指出了另一条完全不同的阳关大道。正是，山重水复疑无路，柳暗花明又一村。

但斯穆特的照片分辨率止于 7 度，太粗糙了，看不见 1 度张角不均匀分布的图像。于是在"宇宙背景探测器"完成任务后，NASA 就开始积极筹备第二代宇宙微波侦测卫星上天计划。

第二代微波卫星的差分微波辐射仪增加至 10 对，共 20 个，有 5 个波段，彼此间张角增加到 141 度，分辨率可看到 0.3 度，整体比第一代要好上近 50 倍，要量 1 度张角，如探囊取物，可取差分值数万亿点有余。这么庞大的数据，只能使用人类最高速的计算机分析，加上数百位专家，日夜计算不休。

第二代宇宙微波侦测卫星以狄基旗下的研究员威尔金森来命名，称为威尔金森微波各向异性探测器。各向异性（anisotropy）就是不均匀（nonuniform）的科学术语。专家爱玩深沉，决不会用一般人容易懂的词汇。

威尔金森是一个温文尔雅的学者，一生为而不争，为宇宙微波大师级的人物，是推动微波卫星上天的功臣，被尊称为微波各向异性探测器之父。斯穆特和马瑟的卫星实验，全靠威尔金森在背后无私的助攻，才成就了他们的丰功伟业。

一个卫星计划耗资费时、工程浩大，而宇宙微波测量技术，被斯穆特不均匀图像一刺激，精确度日新月异。专家估计，南极大陆水气最稀薄、最干燥，实验环境优越，以先进的微波仪器，应可达到张角小于 1 度的分辨率。但是第二代卫星上天还要等 10 年，与其苦等第二代微波卫星上天，还不如先在南极洲以高空气球采集更精确的微波不均匀分布图，说不定会比第二代卫星先看到平直的宇宙。

在第二代卫星上天之前，至少有 3 个独立的气球实验，快马加鞭，先后飞上了南极大陆 40 多千米清亮的高空，由南极环流携带，以大约 14 天的时间，环绕南极大陆 1 周，完成宇宙微波测量。

以 1998 年 12 月 28 日升空的"回旋棒"（Boomerang）高空气球实验为例，收集的数据虽不及以后的第二代微波卫星干净漂亮，却也毫不含糊地量出宇宙微波是在平面上摊开的几何图形（图 8-4）。

宇宙起源

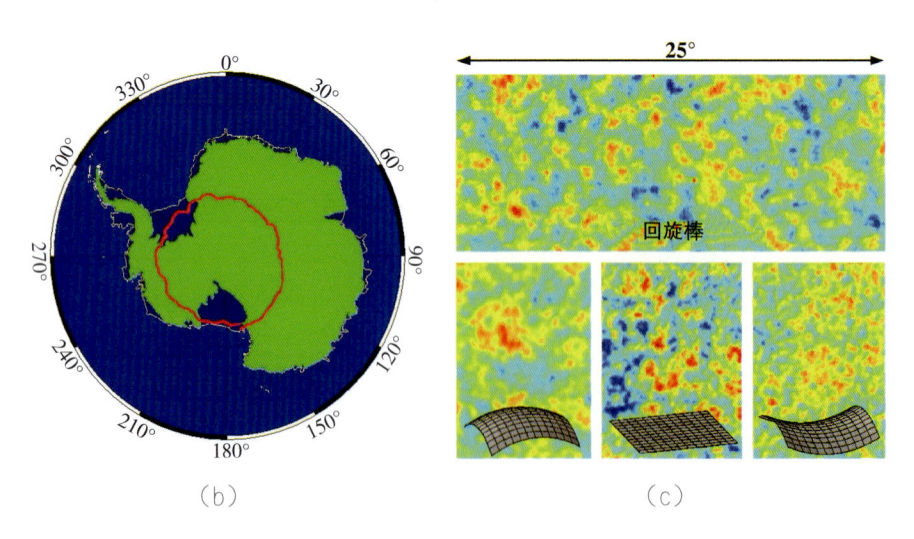

(a)

(b)　　　　　　　　　　　　(c)

图 8-4 （a）1998 年 12 月 28 日"回旋棒"高空气球实验在南极大陆升空；（b）南极 14 天周期的高空环流示意图；（c）"回旋棒"测量出宇宙微波是在平面上摊开的几何图形（Credit: NASA/Boomerang Science Team）

第八章 平 直

加速膨胀

无巧不成书。在南极气球数据公布的前数个月,从宇宙平均密度测量阵线传来一个石破天惊的消息。

消息的确震撼,因为暗能量出现了。

还记得斯穆特的师兄马勒吗?师兄弟们在1974年事业立志誓师大会后,各奔前程。马勒实现了年轻时的理想,在柏克利发展出一个自动侦测超新星研究室,交给他的学生波马特使用。

大爆炸后,宇宙开始膨胀,愈飞愈远愈慢应是常态。波马特本想以1a超新星为宇宙超级标准烛光,测量宇宙极遥远的星体因重力场作用,愈飞愈远愈慢的现象。他前后找到50多个1a超新星,都远离地球数十亿光年以外,但他非常惊奇地发现,有些超新星竟然违背人愿,加速飞离地球。

换句话说,他测量到宇宙在50亿年前,开始加速膨胀了。

爆炸事件中的碎片一般都是往外飞的。但碎片飞行的轨迹如果不是愈飞愈远愈慢,反而是愈飞愈远愈快,那可就神奇了。

波马特可真是被吓到了,不敢发表这个难以置信的发现,回头拼命检查自家仪器,看是不是出毛病了?

远在地球另外一个角落的施密特和里斯,也同时发现宇宙加速膨胀现象。两家独立获取的数据重复检验对比后,证实宇宙在50多亿年前开始加速膨胀,绝对没错。

波马特、施密特和里斯在1998年发表论文,50多亿年前宇宙开始加速膨胀一事,终于定案。

但宇宙加速膨胀和宇宙的密度又有什么关系呢?

加速膨胀一定得有能量。不管这个能量由何而来,它肯定不是在宇宙能看到的一般物质(约5%),和能感觉到的暗物质(现把它定在约27%)

宇宙起源

之内的能量。5% + 27% = 32%，距平直宇宙临界密度还差 68%。这个能推动这么大块头宇宙加速飞奔的能量，力大无穷，能以 $E=mc^2$ 转换成物质，让它供应剩下的 68% 失踪密度，小菜一碟，没问题。

宇宙加速膨胀的消息披露后，专家马上回头去检验爱因斯坦的宇宙常数。爱因斯坦要他的相对论动态宇宙平均达到静止不动的境界，就想用宇宙常数来抵消所有星体的引力，所以这个常数代表的是一个反重力的正能量。

现在我们观测到的宇宙不仅膨胀，还加速膨胀。所以，在赞叹爱因斯坦是真正的天才以后，专家认为，应该把他自认为一生最大错误的反重力的宇宙常数加回去。

不管专家说得再天花乱坠，到目前为止，人类无法懂得这个能量的来源。既然没人懂，就只能像暗物质一样，姑且叫它暗能量吧。

这个暗能量是否刚好能把宇宙相对密度凑成 1，其实并不重要。20 世纪末的宇宙，透过在南极高空环流气球观测，已确定是平直的，不成问题。平直的宇宙本不应加速，但在 50 亿年前，宇宙竟然加速膨胀了。还好，宇宙加速不是那么快，尚未使现在的平直几何变形。现在没变形，但假以悠悠万亿年的岁月，无法保证以后不会变形成马鞍状，往宇宙大散花方向加速飞行。

波马特、施密特和里斯在 1998 年发现了加速膨胀的宇宙，拉出了暗能量威力，终于凑足了狄基平直宇宙所需的临界密度。这是对人类文明一个划时代的贡献，他们三人获颁 2011 年诺贝尔奖。

马勒和斯穆特的人生际遇不同，两人同时在 1974 年事业立志出发。32 年后，斯穆特戴上诺贝尔桂冠，而马勒却为他的学生，铺出一条平直的阳光大道，37 年后，护送波马特进入了诺贝尔殿堂。

宇宙亢龙虽然先以超均匀的电磁微波震慑人类，但在 20 世纪结束前，人类终于肯定了威严的宇宙，在震慑的超均匀表象下，还是给出了凝聚的慈悲及平直的温柔。

L2

2001 年 6 月 30 日，第二代宇宙微波卫星上天。这颗卫星，挟带着人类对宇宙微波已累积 36 年的知识和经验，以 10 对共 20 个辐射仪，141 度张角，比第一代好上 50 倍的精确度上天。上天后，它直奔太空中取微波数据的最佳地点：日－地 L2 点（Sun-Earth Lagrangian Point 2，L2，图 8-5）。

第一代宇宙微波卫星使用绕极 99 度倾角的太阳同步轨道，卫星绕地球轨道平面与太阳方向垂直，已相当讲究，但仍然无法和 L2 相比。L2 在太

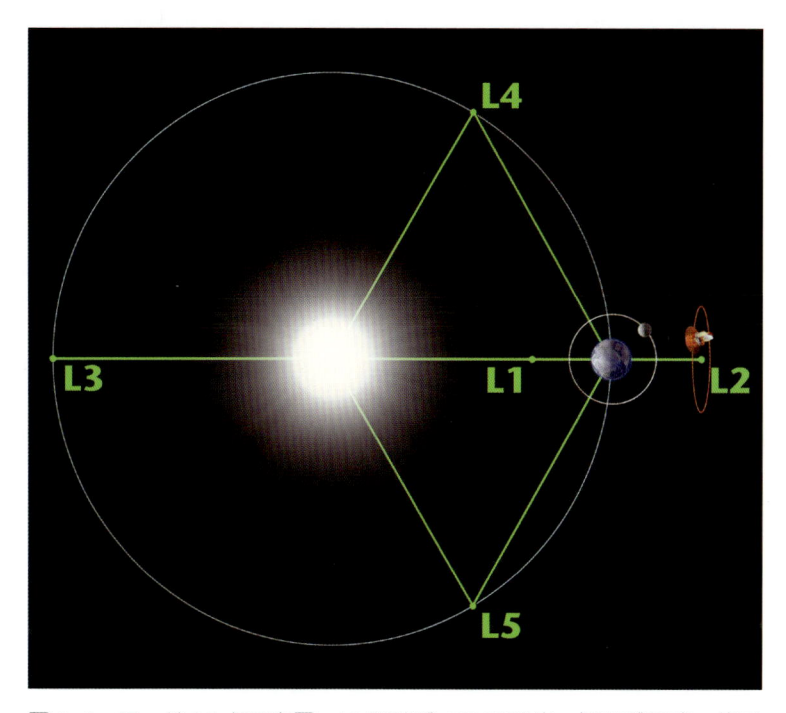

图 8-5　日－地 L2 点示意图。L2 距地球 150 万千米，与地球同步，绕日周期为一年。（Credit: NASA）

宇宙起源

阳和地球的连线向外延伸约 0.01 天文单位，即 150 万千米处，卫星需飞行 6 ~ 8 个月才能抵达。在这个位置执行任务的科学卫星，不但能远离地球干扰，差分辐射仪又可全时背着太阳和地球，与地球同步，运行在地球绕日轨道上，每 6 个月全天扫描一次，一年可收集两次全天扫描数据。

2003 年年初，第二代宇宙微波图像（图 8-6）公布，和贝尔大耳朵当年听到的吱吱微波杂音，已恍若隔世。与斯穆特图案相比，其不均匀分布的细致程度，也不可同日而语。

最重要的是，这个图像显示出了红色热区和蓝色冷区的大小。以超级计算机进行数学分析，不但在原始等离子体中因声波振荡而造成的 1 度张角清晰可见，其他更小的张角部分，也可以看得到（图 8-7）。

这个微波分布图也再次肯定，它的图案是在平面上伸展开来的（图 8-8）。

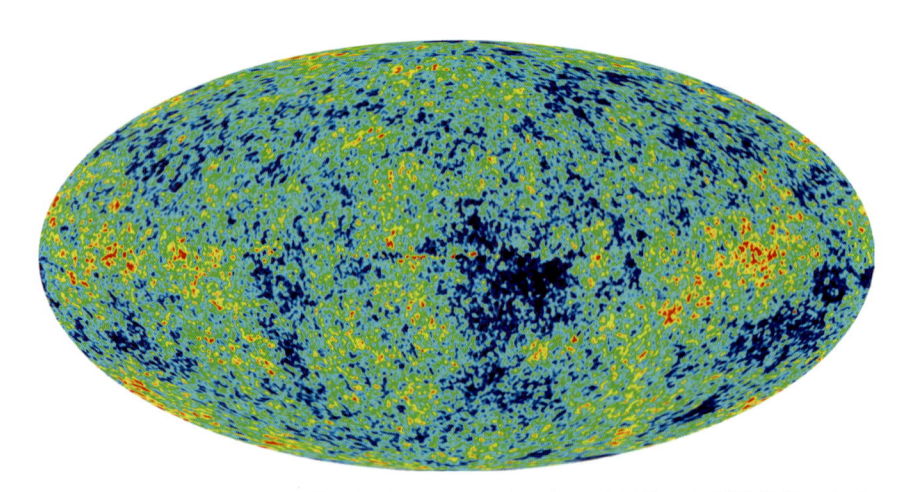

图 8-6　威尔金森微波各向异性探测器于 2003 年年初公布的第一年观测数据，它呈现出以太阳系为中心，测量出的宇宙在"大爆炸" 37.6 万年后的宇宙背景电磁微波分布图。不同颜色表示电磁微波强度或温度的不同，深蓝为冷区，绿黄较温，红为热区。不均匀部位的平均直线大小对地球的张角约为 1 度。（Credit: NASA / WMAP Science Team）

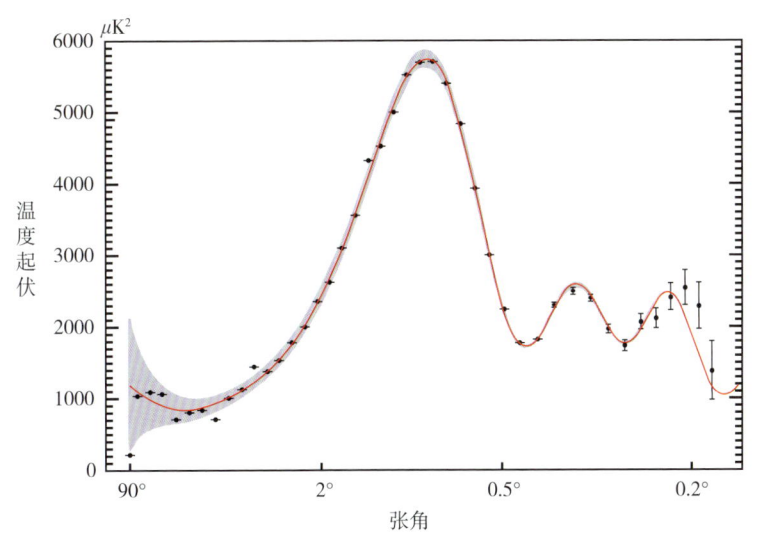

图 8-7 宇宙原始等离子体因声波振荡，造成宇宙微波主要的冷、热区对地球的张角平均约为 1 度。次要的高频率声波振荡的冷、热区张角依次变小。（Credit: NASA / WMAP Science Team）

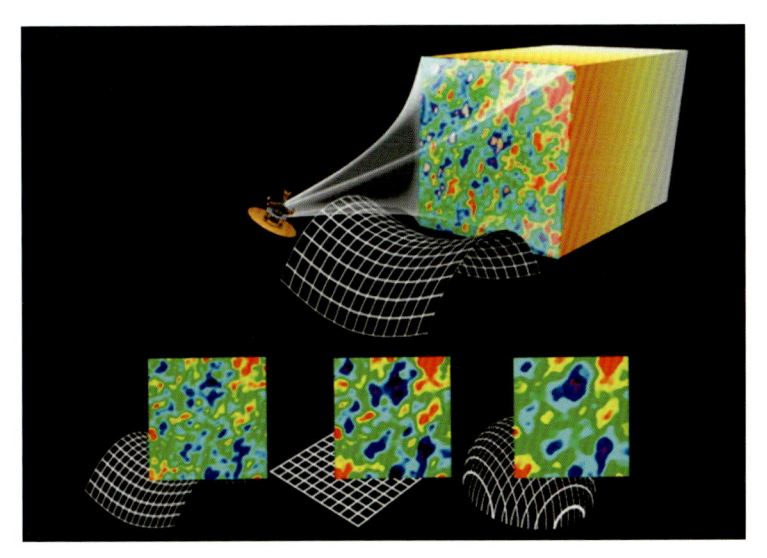

图 8-8 威尔金森微波各向异性探测器测量出的宇宙背景电磁微波，是在平面上伸展分布的图形。（Credit: NASA / WMAP Science Team）

宇宙起源

　　这个红黄绿蓝的微波分布图，被专家以球面调和函数在超级计算机中日夜计算，就是想要把这个宇宙在 37.6 万年时的肖像内所有秘密，全部都解读出来。

　　球面调和函数计算出来最重要的结果，就是图 8-7 那条宇宙在 37.6 万年时原始等离子体中的声波振荡曲线。我们宇宙几乎所有的物理特性数值间的互动关系，都要和这条曲线严丝合缝，不得随意变动。这类计算虽是专家们的工作，但在网络上有这条曲线的电玩游戏。每个人都可以挑选一组宇宙特性参数，比如一般物质、暗物质和暗能量的比例，和哈勃常数等数值。如选的所有数值皆同时正确，计算机就会画出一条和图 8-7 相吻合的曲线；如选的数值只有部分正确，计算机画出的曲线就会和图 8-7 有所偏差（作者注：http://map.gsfc.nasa.gov/resources/camb_tool/index.html）。

　　举例说明，从 2010 年年初第 7 年的原始等离子体声波振荡曲线数据中，我们可计算出当今宇宙年龄为 137.5 亿年，哈勃常数为每秒 71.0 千米（即每百万光年宇宙速度增加每秒 71/3.26=21.78 千米）。一般物质，包括所有星星和星系间气体等，占宇宙的 4.6%，暗物质占 22.7%，暗能量占 72.7% 等（图 8-9）。而宇宙相对密度为 1.080，比临界密度 1.000 略大。

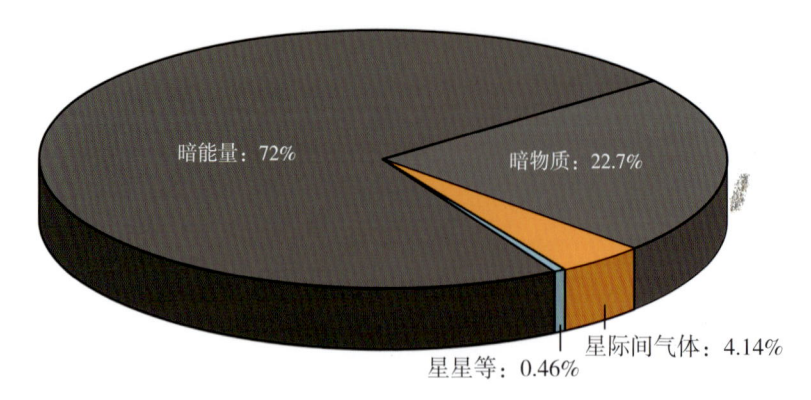

图 8-9　第二代宇宙微波卫星"威尔金森微波各向异性探测器"测量出的宇宙物质组成示意图

第八章 平 直 ◀

"威尔金森微波各向异性探测器"量出的宇宙相对密度值为1.080，会是以后宇宙往回收缩塌陷的种子吗？

第三代宇宙微波卫星"普朗克"（Planck Spacecraft），已于2009年5月14日发射，它的分辨率比第二代卫星又精确了约10倍（图8-10）。

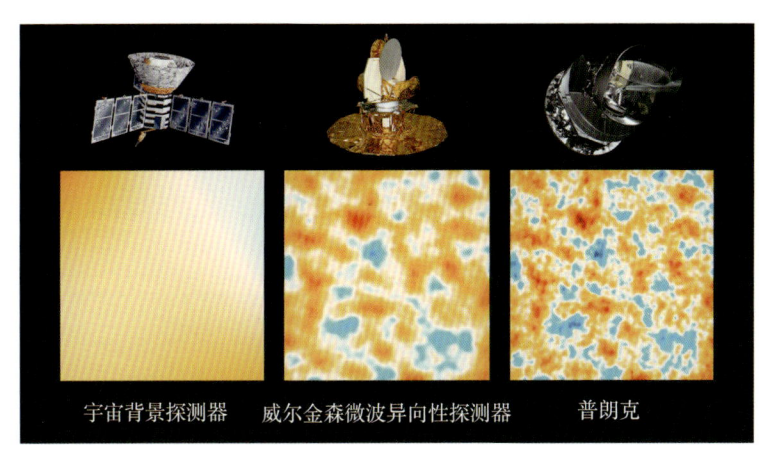

图8-10 三代宇宙微波卫星实际观测数据分辨率比较（Credit:ESA/NASA / JPL / Ulf Israelsson）

2013年3月21日，欧洲和美国联合公布了"普朗克"卫星最新数据，将宇宙年龄上调至138.2亿年，宇宙物质组成成分也调整为：一般物质4.9%；暗物质26.8%；暗能量68.3%。物质和暗物质成分上调为4.4%，宇宙变重了；暗能量相对下调为4.4%，使宇宙膨胀速率减慢。所以，新的数据显示，宇宙像得了近代人类的通病：变老了、变胖了、变慢了。"普朗克"卫星尚未测出暴胀理论中"天外天"的重力波讯息，但发现我们930亿光年大小的宇宙（图8-11），右边比左边光度略强些。这个微弱光度的差别，人的视觉灵敏度不够，只有计算机才能看得出来。我们宇宙光度分布不均匀，可能是"普朗克"卫星目前最震惊的发现：它代表我们宇宙外"天外天"光度分布状况吗？果真如此，这个观测暗示着"天外天"的宇宙

123

宇宙起源

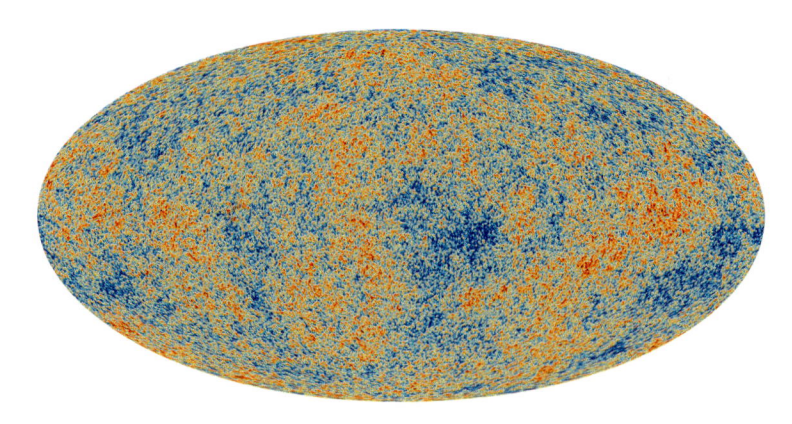

图 8-11 "普朗克"卫星 2013 年 3 月 21 日公布的前期宇宙微波观测数据
（Credit: ESA/NASA/Planck Science Team）

可能存在？还是有别的更恰当的解释？

"普朗克"卫星观测数据也再次肯定，宇宙电磁微波是在平面分布的几何性质。

人类放心了，我们的确生存在一个平直的宇宙之中。宇宙给出了平直的舞台，但在台上的主角竟是暗能量，配角是暗物质，而包围我们的一般物质，竟然只是个微不足道的跑龙套小角色。

从化学周期表上的元素出发去追寻宇宙起源，本是最自然不过的线索，就像用人类骨骼化石去追寻人类起源一样直接。阿尔佛 1948 年的论文就是以这个思维出发，去追寻宇宙元素起源的。

1977 年，温伯格写出了脍炙人口的《最初三分钟》。本书数次提到的 3 分 46 秒重要时间指针，当时宇宙温度为 9 亿 K，中子和质子的比例稳定在 1∶7，开始核合成氦，最终造就了目前宇宙中无所不在的氢氦质量 3∶1 的比例（图 5-1），就是温伯格定下的宇宙物质起源的精确时间表。

追寻宇宙起源如果只以我们能看到的一般物质为主要线索，所得到的信息只能在宇宙约 5% 不到的成分中打转，与以宇宙电磁微波为线索比较，讯息量的落差有如天上地下。宇宙电磁微波中含有宇宙均匀、不均匀、平直和更多的信息在内。尤其是微波的平直特性，竟然呼唤出了宇宙暗能量部分。

虽然暗物质的存在，是经由对星系间的互动、螺旋星系外晕部位的速度和重力透镜等观测而来，但它在宇宙中相对密度的比例，还得靠电磁微波不均匀部分的平直几何特性才能定位。

所以，只有从观测到的宇宙电磁微波数据，才能掂量出一般物质以外的暗能量和暗物质的分量。

暗能量和暗物质是 21 世纪宇宙的主要角色，还得详细谈谈。

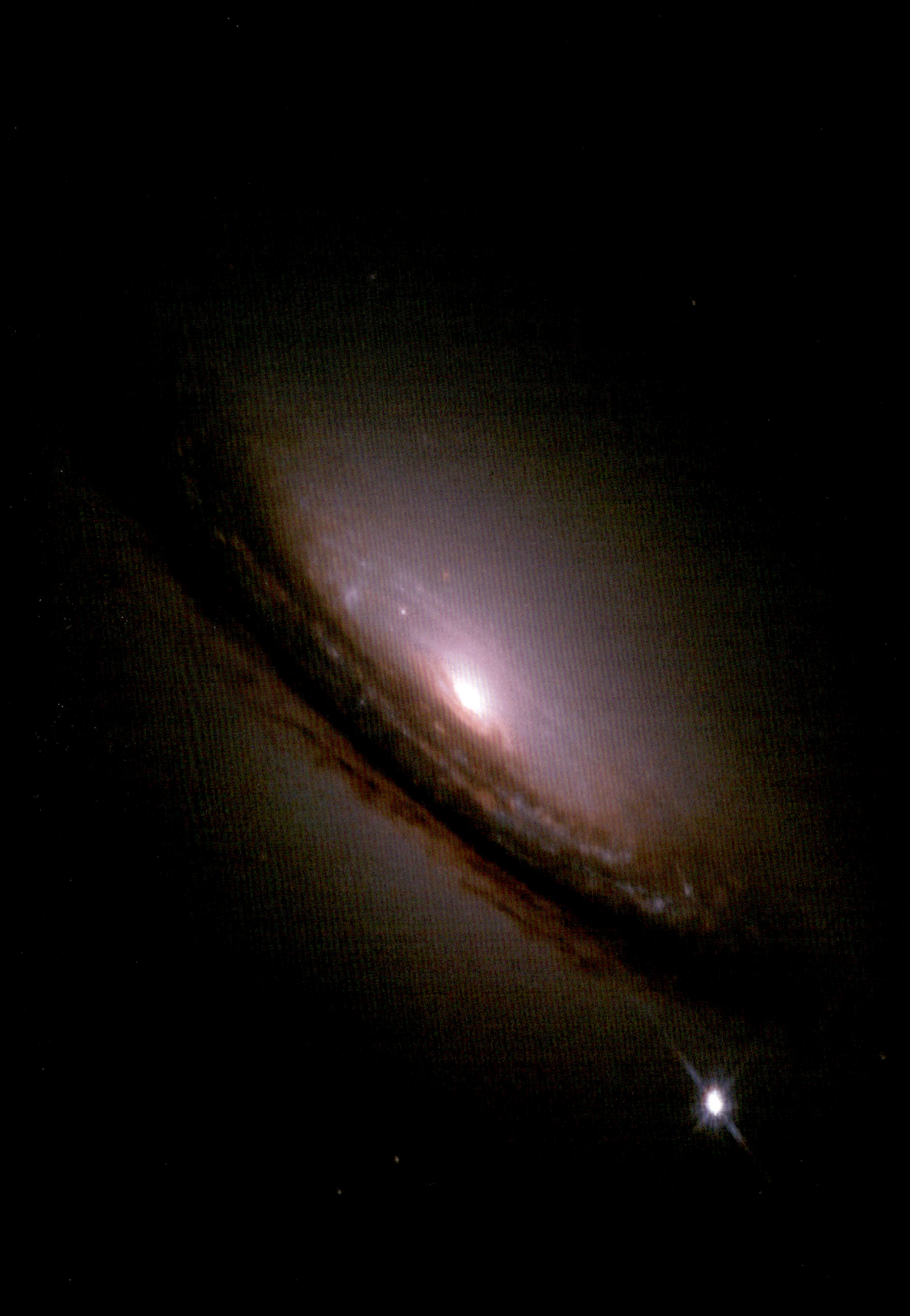

第九章
黑暗的宇宙

宇宙起源

20世纪的宇宙变暗了。

这个说法，专家朋友并不以为然：李杰信，我昨晚去淡水河边检查了一下夜空。星垂平野阔，月涌大江流；繁星满天，璀璨如昔，没变暗呐？

科学家讲话，最好不要做表达情绪的感叹。一切要跟着手中已掌握的证据走。有多少，说多少，实话实说，不添油加醋、不炒作。

我在中学时代的化学老师，教我们以水平横的方向，背化学周期表："氢氦锂铍硼、碳氮氧氟氖、钠镁铝硅磷、硫氯氩钾钙……"横的方向记忆化学元素，对大学以后以电子数和原子数来理解日常生活常接触到的元素的化学和物理性质帮助很大，使我终身受益。还记得化学老师的训话："这些可是组成天地间所有物质的基本元素，记住三五十个，终生受用不尽。"

几十年弹指间一挥地过去了，这些组成天地间 100% 物质的基本元素，曾几何时，竟然缩水变成 5% 不到了？宇宙 95% 的物质已不在人类周期表管辖范围之内了？

暗物质，从 20 世纪 30 年代，就登入人类科学的笔记本。而暗能量，在 20 世纪结束前，强登人类文明舞台，并以主角身份，开始上演一场带着宇宙加速飞奔的大戏。剧本呢？非人类所写，而是一本秘籍天书。

人类从宇宙的平均密度和宇宙电磁微波的几何图形两个方向双管齐下，追求宇宙的平直性质。以观测数据，测量出宇宙的确是平直的。宇宙是条亢龙，性格深沉难测，不需讨好人类，虽然给出了温柔的平直，但也一并带出了诡异的暗物质和暗能量。

人类看懂了一点平直，却又跌进了完全看不懂的暗物质与暗能量的黑暗深渊。暗物质和暗能量，是宇宙对人类智慧最大的挑战。

先讨论暗物质。

第九章　黑暗的宇宙

潘多拉碰撞

如前所述，经由对宇宙的观测，追寻暗物质的线索有三：大星系团间的互动速度、星系晕部的旋转速度和重力透镜作用。

2009 年 10 月，人类集中最先进的观测资源，包括天上飞的哈勃太空望远镜和钱德拉 X 射线望远镜（Chandra X-ray Telescope），欧洲在智利沙漠中的甚大望远镜（Very Large Telescope，VLT）和日本在夏威夷山上的昂宿星团望远镜（Subaru Telescope），对远在 39.82 亿光年外的潘多拉星团（Pandora Cluster）进行透彻分析（图 9-1）。

3.5 亿年前，4 个星系发生了碰撞；星系碰撞是宇宙间的大事，更何况是 4 个星系同时碰撞在一起。

先解释一下星系碰撞时所遭遇的力量。我们熟悉的物质宇宙，由 4 类

图 9-1　潘多拉星团，距地球约 40 亿光年，在玉夫座（Sculptor）方向。
（Credit:NASA/ESA/JAXA）

力量推动，即重力、电磁力、弱核力和强核力。重力和电磁力为长距离力量，无远弗届；弱核力和强核力只在核子大小范围内作用，一旦超出核子距离，就失去影响力。

在同样尺度下比较相对强度，强核力约为电磁力的 100 倍，电磁力为弱核力的 1000 亿倍，弱核力为重力的 10 亿亿亿倍。比较宇宙间的事物，动辄就得用亿作单位。算起来，在这 4 类力量操作的范围内，强核力为重力的 100 万亿亿亿亿倍，即 1 的后面加 38 个零或 10^{38}。但在黑洞核心近乎是零的体积内，却是重力通吃，可以击碎其他 3 类力量，为宇宙的终极主宰。

周期表上的一般物质，对这 4 类力量都有反应。暗物质只和重力往来，对其他 3 类力量摆下的列阵，穿梭自如，视若无睹。暗物质就如隐形人一般，除了重力外，不与其他力量沾边。

星系，如银河系，从几十亿光年外的距离看过去，星星、星尘和星体间的气体，好似紧密地聚集在一块，但实际上的分布是稀松零散，其中空间甚多。潘多拉星团碰撞时，4 个星系的核心由许多属于一般物质的恒星所组成，约占总质量的 5%，大多是近距离打个招呼，说声您好拜拜就擦肩而过，直接互撞的不多。但 4 个星系间的星尘和星体之间的气体，约占总质量的 20%，属一般物质，带电磁基因，分布均匀，对撞的概率大，又因彼此间以高速接近，对撞后就会演出一场激烈的电磁烟火秀。这些星尘和气体间碰撞能产生高温，激发出极高能量的电磁波，包括 X 射线在内，由巨大的激波（shock wave）携带，传播出去。

这 4 个星系，也携带了占总质量 75% 的暗物质。星系前仆后继紧张地碰撞成堆时，暗物质好整以暇，轻松地溜过电磁力以及强、弱核力布下的天罗地网，继续万古无忧地执行它重力透镜的任务。

人类对潘多拉星团做了仔细观测。5% 的核心恒星部分，留下了原貌；20% 的一般星尘和气体碰撞部分着红色，显示出钱德拉测量出激烈的 X 射线谱以及中央呈子弹状（bullet）的激波；75% 的暗物质，由两个地面望远镜的重力透镜数据，找出暗物质的分布区域，以蓝色显示。4个星系的暗物质彼此礼让通关，没被碰撞阻挡，分布范围比星尘和气体碰撞部分大出了许多。

潘多拉 4 个星系的碰撞过程，前后经历了 3.5 亿年，仍然余波荡漾。而暗物质和一般物质，因对宇宙 4 类基本力量的反应不同，像通过筛眼大小不同的过滤器，就大规模地分离开来，让我们瞧个清楚。

但我们在潘多拉星团看到的暗物质分布团，虽与重力透镜观测到的数据相符合，但暗物质实际并未大大方方现身，而是呈现在计算机上人工着色后的产品。暗物质与电磁波生死不相往来，人类用电磁波和光学仪器是永远看不见的。真人不露相，做定了隐形人。

氢氘核子比值

暗物质看不见，摸不着，人类还搞不清它的底细，但总可以先问一下，这些暗物质，可能曾经是我们熟悉的一般物质世界的成员，在某种情况下，用尽了核燃料，像有些恒星一样，烧到蜡炬成灰泪始干的地步，由绚烂转成黑暗，变成暗物质，才从我们望远镜的视野中永远消失的吗？

一般物质世界的原始成员，如质子、中子、电子或其他粒子，在"大爆炸"后的 3 分 46 秒，基本上已经到位。当时宇宙的温度约 9 亿 K，质子和中子还有足够的能量形成重氢的氘核子（质子和中子各一）。此时一般氢核子，也就是质子，和氘核子之间相对总量的比值固定下来。当然，这个比值也如前所述，是比核子多出 10 亿倍的光子，持乌兹冲锋枪不停扫射的剩余结果。自此以后，宇宙温度转低，就再也无能力制造出氘核子了。

氢和氘是一般物质世界中资格最老的两位成员，它们之间的比值，是组成一般物质宇宙的重要识别基因和签名式。氢和氘，从宇宙"大爆炸"后 3 分 46 秒起，一路走过来，经过了星尘的凝聚、燃烧、发光，有些氢和氘，最终转暗、熄灭，各自独立演化了 138 亿年。现在要问的是，在这

宇宙起源

138亿年中，如果它们之中有的份子，在这个分别自由活动的演化过程中，决定放弃了一般物质身份，转投到暗物质世界，那剩余在一般物质世界氢和氘的比值，肯定也会随之发生变化。这个氢和氘的比值，如果发生变化，我们就无法摆脱一般物质曾经投靠了暗物质的疑虑。反之，如果这个比值，从"大爆炸"后的3分46秒，一直到138亿后的今天都坚持没变，我们就可以建立起一般物质从未投奔暗物质的结论。

于是专家通过望远镜的时空隧道，选择了宇宙的三个时期，即大爆炸后期、宇宙中年和现代宇宙，仔细测量每个时期氢氘核子相对蕴藏量的比值，证实了这个比值别来无恙，始终没变。在"大爆炸"3分46秒后制造出的所有的氢和氘，138亿年来忠心耿耿，并未投靠暗物质，都还在为我们熟悉的物质宇宙效力。

氢氘核子的比值固定，直接证明了一般物质从未变成暗物质，的确为天文学家解决了第一个大问题。有人会接着问，黑洞、星系间小的氢雪球、不发光的星云和褐矮星等，我们也看不见，它们是暗物质的一部分吗？这类褐矮星和黑洞等天体，被通称为"大质量致密晕体"（massive compact halo object，MACHO），整体说来，它们拥有电磁基因，人类能够用电磁波寻出其蛛丝马迹，它们是属于我们熟悉的那类物质，不属于暗物质的范畴。

暗物质的出生，可能和我们熟悉的物质毫无瓜葛。它应比一般物质出现早一步。而暗物质和一般物质不同种，除了在牛顿力学的重力场中有互动关系外，其余的物理特性几乎一概不知。

暗物质粒子

那么，暗物质究竟是什么东西呢？现在唯一被验明正身的暗物质就是中微子（neutrinos），在宇宙中的蕴藏数量巨大，它不带电荷，以近光的速度奔驰，故又称"热"暗物质。在地球区域，中微子的主要生产工厂是太阳，从遥远星系来的也不少。你我的身体，每秒钟都被上百万亿个中微子穿透，但我们浑然不觉。因为中微子没有电磁基因，它在一般物质的世界中，有如幽灵，随意穿梭，人类绞尽脑汁，寻找它们存在的痕迹，在地层深处安置了最灵敏的侦察装置，经过多年的努力，终能一窥它们的庐山真面目。在 1945 年、1995 年和 2002 年，诺贝尔物理奖也三度颁发给在中微子研究领域有巨大成就的科学家们。

虽然中微子是暗物质，但它在宇宙中的比例太轻微，以目前我们能侦察到的分布状况，可能连暗物质的 1% 都占不到。所以，暗物质的主力部分，别有所属。

除中微子外，人类目前在宇宙中还没找到任何别类的暗物质。尽管寻找暗物质的路程艰难，但丝毫没有阻挡理论物理在这方面的进程。

在理论上有类暗物质叫"大质量弱作用粒子"（weakly interacting massive particle，WIMP），运动速度缓慢，属于"冷"暗物质类。这类理论上的暗物质粒子，源自高能物理中与"标准模式"（standard model）相符合的"超对称"（supersymmetry）粒子，理论上要求它的质量愈高愈好，期盼它是暗物质的主力部队。这类粒子除了能感受到重力外，也能和弱核力反应，但与电磁波却老死不相往来，所以用电磁仪器侦测不到。另外，这类粒子与强核力也无作用，也就是说，它撞不上一般物质范畴的核子，在加速器互撞反应中，留不下蛛丝马迹，所以也看不见它。

只和重力作用的纯暗物质自闭性太高，人类可能永远侦测不到。所以在粒子理论中，人类退而求其次，把条件放宽松，让暗物质也能和弱核力作用，希望能找到和纯暗物质相像的暗物质粒子。

从理论上来说，这类粒子非常多，皆超重，可以当成暗物质候选粒子。即使让了一步，人类到目前为止，在宇宙中连一颗这类粒子都还没找到。

宇宙非常吝啬，不主动提供暗物质粒子，人类只好铆足了劲，在巨大能

宇宙起源

量的加速器中制造。在欧洲，日内瓦使用大型强子对撞机（Large Hadron Collider）的研究，于2012年7月4日，公布了发现"上帝粒子"（the God Particle）的新闻，粒子质量约为质子的133倍，性质符合暗粒子的主要特性，即不带电荷，只和重力及弱核力有作用。但两星期后，又将其降为"有如上帝粒子"等级，认为身份仍待进一步确认，最终能于2013年3月14日验明正身。因其为重量级发现，迅速获得2013年诺贝尔奖的肯定。

"上帝粒子"的原名为"希格斯玻色子"（Higgs Boson），人类从20世纪60年代起，就开始寻找它的踪迹，又咬紧牙关，投资了90亿美元，筹建了大型强子对撞机，理论加实验，前后花了50多年的时间，终于把它找到。

"希格斯玻色子"存在于"希格斯场"中。有些理论认定"希格斯场"就是供应宇宙大爆炸能量的原始能量库。但"希格斯玻色子"目前并未被黄袍加身，成为第一颗重量级的暗粒子，仅将其归类为在一般物质和暗物质中间打交道的信使粒子。

寻找暗物质，人类对大型强子对撞机寄予厚望。是否能找到暗物质，还在未定之天，但科学家们肯定热火朝天，动力十足，因为找到第一颗重质量的暗物质粒子，就可能找到了打开暗物质世界的金钥匙，为人类开拓出另一片广阔的蛮荒知识天地。

2013年4月3日，丁肇中（1936—）研究团队的阿尔法磁谱仪（Alpha Magnetic Spectrometer，AMS-02）实验公布前期数据，再次证实在地球的太空轨道附近，有过量的"正子"存在。正子是反电子，在地面的粒子加速器中也可制造。这次测量到包围在地球四周过量的正子，方向来自四面八方，好像是由遥远的宇宙而来。解释这类存在于太空正子的理论很多，比如极高能量的宇宙射线和一般物质相撞等，但也有另一种理论，就是正子可能是暗物质间互撞的产物。上文叙述4个潘多拉星系碰撞时，和一般物质比较，暗物质间算是相当温和交叉而过，没有碰撞痕迹。所以，暗物质间撞碰的概率，比一般物质肯定低很多。但低归低，只要暗物质粒子以高速飞行，总有碰撞到一起的机会，其发生地点广布在宇宙各处，激出正子后，就开始四处流窜，均匀分布到全宇宙，可能造成 AMS-02 在太空中观测到的现象。未来正子强度和分布的数据，还要和理论计算仔细对比，才能定论。总的来说，暗物质可能经由正子现形，是这次阿尔法磁谱仪数据最令人振奋的发现。

以"普朗克"卫星最新数据为准，暗物质是造成平直宇宙所需密度近27%的重要部分。虽然我们在此热烈讨论，但黑暗宇宙的主角仍是背后的藏镜人，依然千呼万唤出不来。

下面谈黑暗宇宙的主角——暗能量。

1a 型超新星

暗能量推动宇宙加速膨胀，非同小可。人类虽然百般不懂何为暗能量，但能量即物质，可转换成宇宙密度。

于是，暗能量一出现，人类马上赋予重任，要它补足以前找不到的约68%失踪密度。暗能量是在一般物质和暗物质之外的东西，不管懂不懂，它已经使宇宙达到了平直的地步。人类终于能喘了一口大气，眼睛一闭，指着暗能量，兴奋地欢呼，使宇宙平直的，就是它！

宇宙加速膨胀是经由对 1a 超新星光谱多普勒红移效应的观测中发现的，前文一笔带过，在此略加补充。

1930 年，钱德拉赛卡（Subrahmanyan Chandrasekhar, 1910—1995）以理论计算预测，任何星体质量如果超出太阳质量的 1.44 倍，它本身的重力场，就会冲破人类当时所知的白矮星（white dwarf star）中等离子体间的排斥力，而发生塌缩。塌缩后的星体，就是核心为中子量子结构的超新星。

中国皇帝一般对天象特别重视，为的是顺天承运，保住千秋万世的皇位，也难怪人类历史上最出名的一颗超新星，在中国有最详细记载，时为

宇宙起源

1054 年，宋仁宗至和元年，在金牛座附近出现，爆炸后数日内，光度增强上亿倍，比金星都要亮上 4 倍，大白天都能看得到。因为它在天上突然出现，大明后转暗，来去行色匆匆，中国人就叫它为"天关客星"（图 9-2）。

超新星实际上是重量级恒星，在与重力场搏斗失败后的回光返照、死亡告白。超新星不"新"，中国人称它为"客星"，更为恰当。

超新星有好多种类型，其中有一类称 1a 型的（图 9-3），爆炸前的质量约为我们太阳的 1.44 倍，爆炸时瞬间光度可达到我们太阳的 50 亿倍。这类 1a 型超新星，相当神奇，因为它不论在宇宙中何处出现，光度恒定，是太阳的 50 亿倍，并且在爆炸后数月内，光度演变可由理论计算得知，依

图 9-2 "天关客星"（SN1054），又称蟹状星云（the Crab Nebula），距地球 6300 光年，核心含一颗脉冲中子星"PSR B0531+21"，出现在金牛座，是人类文明史上最出名的一颗超新星。（Credit: NASA/HST/ESA）

图 9-3　左下角亮点为 1994 年发现的 1a 型超新星 SN1994D，距地球 108 百万光年，紧邻呈扁平状的星系 NGC4526，位于室女座中。（Credit: NASA/ESA）

次由金属镍-56、钴-56、铁-56 等放射性元素捕捉核电子后的辐射能量提供，定时定量递减。这么强的光度，加上光度变化可预知，使 1a 型超新星成为天文学家梦寐以求的宇宙标准烛光。

宇宙中还有另外一类的标准烛光，泛称为"造父变星"（Cepheid variable stars），它的绝对光度可达太阳的 10 万倍，能穿透几千万光年的空间。但和达 50 亿倍太阳光度的 1a 超新星可穿透几百亿光年的距离比较，就小巫见大巫了。宇宙起源中谈的距离至少上亿光年，造父变星类标准烛光的强度不够用。

2013 年 4 月发现的 1a 型超新星 UDS10Wil，比年龄 113 亿年老的 SN1997ff 还要老上 3.5 亿年，是人类至今在宇宙中能找到的最古老和最遥远的标准烛光。

宇宙起源

如果在宇宙中找到了一个 1a 型超新星,测量出它的相对亮度,这颗超新星与地球间的距离,就可以决定下来。在宇宙间有了距离,就可知道那颗超新星光线出发的时间。从超新星的光谱,又可测量出其中是否含有多普勒红移效应。从光谱红移的大小,就能知道这颗超新星相对地球往外飞离的速度。时间和速度两组实际观测数据合并使用,就得知宇宙在那个特殊时间段的膨胀速率。如能找到离地球不同远近的 1a 型超新星,我们就能得出宇宙在整个 138 亿年历史中每个时期的膨胀速度。

前文提到 1998 年的天文观测,总共使用了 50 多个 1a 型超新星,直接证实我们宇宙膨胀的速度加快了,并已持续了 50 多亿年,现在仍在加速膨胀的状态之中。

宇宙在"大爆炸"后开始膨胀,膨胀可以持续,在逻辑上讲得通。膨胀时一直有物质的万有引力在后面拖拽,速度理应渐渐变慢。逻辑上讲不通的是,近期的 50 多亿年,包括此时此刻,宇宙竟然开始加速膨胀。加速需要能量,这份神秘的能量,人类还不知它究竟来自何处,于是就叫它为"暗能量"。现代的理论说,这股神秘的暗能量来自宇宙的虚无空间,并还为它取了个炫名——真空能量(vacuum energy)。

于是暗能量摇身一变,就变成了真空能量。真空应是真正大空。大空之境,何来能量?

要理解真空能量,先得知道些量子力学中的"测不准原理"。

测不准原理

测不准原理一般皆在微观世界中使用。在微观世界中的物体都非常小,比如粒子、原子、分子等。在观测这些物体时,得使用测量工具,如用光波量位置等。微小粒子的所在位置被外来的光子一撞,原来的位置就发生了变化,量出的数据就发生偏差,即测不准了。

量子力学中测不准原理的使用对象都成对出现，比如说要把一颗粒子的所在位置量得准些，则可以量得到的粒子速度的准确性就得降低些，位置和速度就是测不准原理中的一对。其他成对出现的还有时间和能量。时间和能量这一对测不准原理的对象，对我们理解真空能量物理性质极为重要。

大爆炸后极短暂的时间，是宇宙起源的关键时刻。人类目前的物理理论，卡在普朗克时间，即 10^{-43} 秒上。小于1千亿亿亿亿分之一秒的时间，尽管人类不知如何应对，但并不等于宇宙亢龙不知如何处理，更不表示它不存在。人类对无能为力的事，可以像鸵鸟，把头往沙里一埋，就可以不管了。但小于 10^{-43} 秒的时间，也是宇宙起源整体连续时间的一部分，时间可以从无限小起跳，至于无限小到何种程度，人类不知，但只要有时间，测不准原理就要管能量。

现在想象，大爆炸刚开始，宇宙空间在 10^{-67} 秒这个时间点上。10^{-67} 秒这个时间太精确，宇宙只得在能量的精确度上让步。能量因时间太精确而失去的准头，具体上以巨大的能量振荡来满足测不准原理的要求。

时间被压缩到如此短暂，宇宙只得以极高能量振荡来反抗。有压迫就有反抗，宇宙大爆炸时的极高能量就这样出现了。宇宙继续前行，每一时段都有能量振荡出现，永远满足测不准原理的要求。

其实，测不准原理也不能忍受任何绝对精确的测量，比如真空。完美的真空就是真正的空，零能量、零结构，一切空空空、零零零，太精确了。绝对真空的状态，测不准原理不允许，就要插手进来管，于是真空就以"真空起伏"（vacuum fluctuation）的手段，制造出一些正和负的虚粒子对（virtual particle pairs），来满足量子物理的要求，最终导致真空能量的存在。

真空能量

物理学家从测不准原理，得知真空的奥秘后，就设计出测量真空的

宇宙起源

实验，看看真空中到底有些什么结构，其中最为人知的就是卡西米尔效应（Casimir effect）。

做卡西米尔效应实验，得在极高度的真空中进行，先安置两片平行不带电的金属板，将其间的距离推近到几十个纳米左右（约100个原子并排宽度），两板之间就会产生一股向内的推力。这股力量太神奇，每代物理学家都会使用最先进的仪器来重复这个实验，两板间的作用力量愈量愈精确，奠定了卡西米尔效应的正确性（图9-4）。

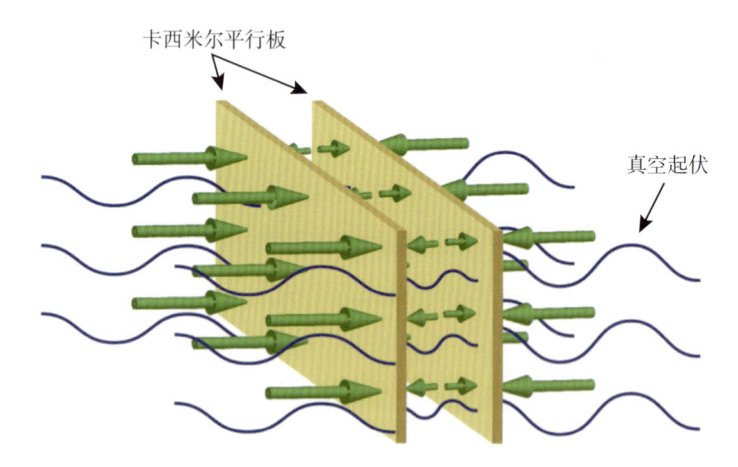

图9-4 卡西米尔效应实验。两个在真空中不带电的卡西米尔平行板（Casimir plates），在近距离内，经由真空起伏，互相吸引，证明真空中有能量存在。

宇宙中的真空能量，是响应测不准原理的索求，时间已由宇宙大爆炸后极为高能量的短暂时段，流转到138亿年后，现在观测到的能量，已极为纤弱，在很长的一段时间里，它的地位似乎卑微，一直没被重视。但三十年河东，三十年河西，曾几何时，真空能量竟然开始坐大，在理论上可能成为主宰我们宇宙的力量。

三类能量

我们的宇宙，在 138 亿年的演化进程中，由三类结构相异的能量推动。

第一类能量来自电磁波。电磁波能量的密度，第一是随宇宙体积的增加而变弱，第二是因电磁波的波长，在更大的空间中也随着变长，能量相对递减。

第二类能量来自一般物质和暗物质。这类能量的密度，随着宇宙空间体积的膨胀，相对逐渐变弱。

第三类能量来自虚无缥缈的真空。这类能量的密度，由测不准原理掌控，与空间大小无关，是一个固定的能量密度。

宇宙大爆炸后，第一、第二类能量的总值就固定不变，但随空间的膨胀加大，密度随而降低，过程中电磁波能量密度衰减得比物质能量密度要快些。第三类真空能量，来自局部量子的真空起伏，密度恒定。只要宇宙不停膨胀，真空总能量就愈高，取之不尽，用之不竭，永无能源危机。

目前估计，"大爆炸"起动后，电磁波能量占主控地位，直到宇宙温度降到 4000 K。4000 K 时的宇宙年龄为 7.5 万年，但电磁波能量就已经把宇宙的主控权转移给物质能量，退居二线了。

物质能量的王朝延续了 80 亿年。这期间，宇宙基本以近等速在膨胀。50 多亿年前，宇宙膨胀得够大了，又有一次政权交接典礼。物质能量下野，真空能量登基，开始行使主导权，注入所谓的真空暗能量，造成宇宙膨胀速度加快。

恐怖分子

如果真空能量真的随宇宙膨胀而节节攀高，无可避免的结论，就是宇宙愈大，能量愈大。这样一个开放性的宇宙，像一条失控的亢龙，因能量持续增加，膨胀速度只会愈来愈快。如此宇宙，将无法逃脱最终全面散花崩盘的命运。

真空能量是宇宙中最大的恐怖分子，它的能量库来自量子起伏的振荡，基本上是免费的，和物质宇宙以负势能和正动能为考虑的概念大相径庭。以目前的量子力学理论为依据，这种量子振荡可以蚕食鲸吞，没有上限。也就是说，真空能量经由量子跳跃，可向高层无限攀升。高能物理学家以这种概念，计算出真空能量可向宇宙提供的对等物质平均密度，高达 10^{91} g/cm^3。

这个密度，比目前平直宇宙所需的临界密度，即前面以宇宙原理计算出的 10^{-29} g/cm^3，要高出 10^{120} 倍，即 1 的后面加上 120 个零，也就是 1 亿亿亿亿亿亿亿亿亿亿亿亿亿亿亿倍。

高能物理理论一向极为成功，诺贝尔奖也发出去好多个。但这次，在这个真空暗能量理论估计上，与观测数据发生了人类有史以来最巨大的误差。

为这个误差开脱的论文，汗牛充栋，数不胜数。其论点不外乎宇宙聪明，早已把那多出的 10^{120} 倍密度，从 10^{91} g/cm^3 精密微调到 0.73×10^{-29} g/cm^3，消弭到春梦了无痕，只剩下关键的尾数，供平直宇宙使用。

这个所谓微调出来的宇宙临界密度，也应该是人类有史以来最精确的尾尾尾……数，尾到不行，尾到昏倒。这也许表示了，最聪明的人类对暗能量还是相当无知的。

行文至此，我们把宇宙目前观测到几个重大的诡异现象，如微波超均匀分布、微波不均匀现象、宇宙的平直性质，大致解释清楚了。虽然已经叙述了现象，但我们还没有说明驱使这些现象形成背后的物理力量。

科学家提出了众多理论来解释这些现象，其中的"暴胀"理论在目前占主导地位。

第十章
暴 胀

宇宙起源

再看一下宇宙两个最重大的诡异现象。

第一个诡异现象为宇宙微波分布超均匀，均匀到好像全世界 70 亿个人，每个人手中杯子的水温都是摄氏 8.7250 度。这 70 亿个人到哪里才能同时取到温度相同到万分之一度的水啊？

这两个数字已经很惊人了，但离精确程度还是差了一大截。

地球直径只有 0.0425 光秒大小，不到 0.1 光秒。而宇宙直径为 930 亿光年，约比地球大 7000 亿亿倍。如果宇宙人口密度和地球一样，那么用同样例子，就是全宇宙的 50 万亿亿亿人，每人手中杯子都盛着摄氏 8.7250 度的水。

宇宙这么多人手中杯子都盛着相同到万分之一度的水，应该有个因果逻辑。这个因果逻辑的要求，就是每个人都得同时从同一个饮水机取水。水换成微波，就要求微波分布在宇宙各处之前要沟通接触过。光波不接触，就不可能均匀到万分之一度，因果清晰，无法蒙混过关。

如此，麻烦就来了。宇宙现在的年龄只有 138 亿年。在宇宙微波分布的 930 亿光年范围内，即使把膨胀因素考虑进去，所有微波也不可能在这么大的范围内接触沟通过。微波从来没有接触沟通过，怎么能亲密到像是连体人，连体温都一样？不可能的。

其实微波在出发时，宇宙年龄 37.6 万年，那时的宇宙直径已经膨胀到 8500 万光年。37.6 万年时的宇宙之光，即使把膨胀因素考虑进去，也无法覆盖住当时整个 8500 万光年大小的宇宙。所以，宇宙电磁微波超均匀的奇景，在宇宙 37.6 万年时，应该早已存在。

超均匀电磁微波分布，带给宇宙学家剧烈的偏头痛，将其称为"视界"症状。换言之，138 亿年之久的宇宙微波无法看到整个 930 亿光年大小的宇宙。这条宇宙亢龙变的戏法，令人困惑，头痛欲裂。

第二个诡异现象为宇宙的平直问题。

宇宙平直，对人类是好事。平直的宇宙温柔体贴，不大起大落，是宇宙亢龙在超均匀震慑后给出的追悔之爱。人类浸润在宇宙温馨的爱中，快乐生存，本应尽情享受就是。但人类对知识太好奇，即使在幸福之中，还是要追问到底。

宇宙中有太多神奇的观测，令人类看得胆战心惊，直呼怎么会这样。前文提到的霍伊尔，即宇宙"大爆炸"一词的创始者，在研究生命关键元素——碳的核合成步骤时，就体验过一个奇迹。

微调宇宙

阿尔佛博士论文中的瑕疵，主要是在核合成机制中，不能依他的理论，每次只捕捉一个中子或质子，以阶梯似地连续节节攀高，向高核子数的元素前进。在氦-4合成后，宇宙温度已低到无法供应足够的碰撞能量，造成核合成至氦-4后就喊卡，进行不下去了。比氦重的元素，核合成步骤繁杂，要在2亿年后凝聚发光的星体中心制造。

稳定的碳有6个质子和6个中子，共12个核子，化学符号^{12}C，需要在星体核心，尤其是在超新星内爆下的高温高压时制造。步骤应是两颗氦-4核子先形成不稳定的铍-8，再经由另一颗氦-4核子的碰撞，就有可能合成碳。这个合成步骤，要经过3个氦核子撞碰在一起，专家就称它为3氦过程（triple-alpha process）。α粒子即氦核子，由质子、中子各两颗组成。但铍-8极不稳定，即使和另一个氦-4核子相撞，亲热时间不够，春光苦短，稍纵即逝，形不成碳核子^{12}C。

因为碳为地球的生命基石，人类对碳情有独钟。在寻找外层空间生命时，也特别以碳为核心，对地球生命做出参考定义，以作为和可能存在的天外生命做比较。地球生命特性有四：以碳为基础，基因为蓝图，左旋氨基酸为建材，蛋白质为结构。氨基酸有左旋右旋两种分子结构，在自然界

宇宙起源

各占一半，地球生命完全采用了左旋那一种。我们全是左旋人，左撇子。

碳既然已为地球生命采纳，它的合成就不应如此困难。霍伊尔就和做实验的同事打赌：铍-8 和氦-4 一碰上，一定会发生共振（resonance），以致彼此间发生热恋，难分难舍。即使还是春宵一刻值千金，但亲热时间肯定会多到不制造出爱情结晶的碳都难。

铍-8 和氦-4，有这样共振的现象吗？

果然，这个以生命为本位的预测，指导着实验追求的方向，竟然毫不含糊地被证实了。这是人本位碳沙文主义（carbon chauvinism）的一次胜利。

霍伊尔虽然不接受有生日的大爆炸宇宙，但他对碳的核合成贡献巨大，有目共睹。

宇宙中还有许多其他参数，似乎都是为人类的存在而设计的。前面提到的强核力，如果它的数值比现在大 2%，就会造成宇宙大爆炸起动后的几分钟内，就把所有的氢燃料烧光，完全变成氦。还有，如果万有引力常数大些，星星就会被挤压得温度高些，核融速度增快，宇宙加速老化，留不出足够的时间凝聚演化，生命当然也无从起源。宇宙中这类例子不胜枚举，有的专家估计，可多达 26 个。

于是有些狂热分子，就认为宇宙是专为生命，甚或是专为人类而设计的；于是，人本原理（anthropic principle）应运而生。这个原理，以微调宇宙（fine-tuned universe）为核心看法，从极左到极右，从宗教到科学，从智慧设计到外星人就是上帝，百花齐放、百鸟争鸣。反正言论自由，各类版本满天飞，说得狠一点，就是人不为己，天诛地灭。

更贴切的说法，应该是人类太幸运了。但这么一说，教会人士就紧抓不放：人类被上帝宠幸，宇宙是上帝特别为人类设计的。

但是这类幸运还没大到需要动用位高权重的上帝。举个例子，中了强力球彩票（Power Ball Lottery）头彩的人，够幸运了吧。其实我们有百分之百的把握，头彩肯定不是上帝专为那个中奖人设计的。只是人性好赌，

第十章 暴　胀

买彩票的人数太多，最终总有一个人会押中。

下文会提到，在我们 930 亿光年大小的宇宙之外，应有几乎数目无穷多的天外天宇宙。这么多的宇宙，总有一个适合人类的生存。人类的确中了宇宙强力球彩票的头彩，幸运有余，但还没大到成为上帝的恩赐。

我想，人类在性格阴沉的宇宙尢龙的淫威下讨生活，还是应谦虚为上。比较健康的看法是，因为宇宙已经有了这些预存的有利条件，人类才应运而生，卑躬求活。

一个不包括智慧人类的宇宙，这类问题根本不存在。但没有智慧人类的宇宙，也太浪费空间，也太寂寞了吧。

人类对宇宙平直的渴望，以狄基为代表，从科学角度切入，可以说是对宇宙强求的大汇集。平直好办，因为宇宙密度量得到，微波分布几何图形也看得见，从密度和微波分布几何图形开始去追寻宇宙平直特性就行。对宇宙平直的要求，在宇宙观测到的密度仅为临界密度的 5% 时就开始讨论。有了暗物质的踪影后，宇宙观测到的密度达临界密度的 32% 时，更是得理不饶人，认为宇宙非平直莫属。最后到了 1998 年，宇宙竟然点了头，答应了人类，以暗能量补足了宇宙观测到的密度至临界密度，即 100%。

人类前后乞讨了 60 多年，尢龙终于把安全舒适的平直宇宙给了人类。

斯穆特对宇宙不均匀的要求，也是从以人本位为观点出发的。当时宇宙微波一片均匀，即使很有经验的狄基有胆，也不知道该如何向宇宙张嘴要不均匀。但斯穆特不同，年轻气盛，人类已踩在凝聚后的地球活着了，宇宙一定有不均匀的种子，埋在微波的胎记里。

刚开始，人类的确被宇宙微波的超均匀震撼了一下，但不均匀的胎记，还是被抽丝剥茧地裸露出来。1998 年杠上开花，南极气球实验测量到宇宙微波几何分布图形，又找到暗能量，宇宙也就温顺地平直了。这些现象不但已被全人类看到，还能从中左量右测，找出宇宙原始等离子体声波振荡的曲线，从中定出宇宙的年龄，一般物质、暗物质和暗能量的组成比例以

宇宙起源

及宇宙膨胀的速度等。

对过去半世纪获得的宇宙起源领域上的成就，人类相当满意，为此，也在 1978 年、2006 年、2011 年和 2019 年，发出去四个诺贝尔奖。

得意之余，人类正准备开瓶拉菲红酒（Lafite Rothschild）庆祝一番，突然一愣。常要求自己，看到表面现象，一定还要打破砂锅问到底。我们还没问造成这些现象形成的背后原因呢！事情还没办完，怎能庆祝啊？

这些被看到的表面现象，它们到底是怎么来的呢？更基本的问题，大爆炸是怎么来的？

为人类解释宇宙大爆炸、微波超均匀、微波不均匀和宇宙为何平直的任务，就落在古斯的肩上。

伟大发现

古斯比斯穆特小两岁，1947 年生，也像斯穆特一样，只攻物理重大难题，所以论文发表量稀少。麻省理工学院博士毕业后，事业似乎就停摆在博士后研究位置，由普林斯顿大学，经哥伦比亚和康奈尔等大学，八年后转入斯坦福研究所，仍是博士后研究员，继续仰攻物理重大难题，成果没保证，前途渺茫。

古斯从事物理理论研究，整天关在象牙塔里，以纸、笔为工具，安静思考计算，与世无争。而斯穆特则动脑筋，要 U-2 侦察机、要火箭、要卫星，动作大、声音响。但两人都是立志型的，钻研的都是难度相同的宇宙大问题。

在博士后研究后期，古斯创造了暴胀理论，初衷是要解决单磁极的历史悬案。

我们熟悉的磁铁都是两个磁极同时存在。但从理论推演，单磁极应在宇宙还处于极高温度时，就大规模出现。以理论估计，它在宇宙中的蕴藏量丰富，应和黄金（gold）一样多。我们很容易在珠宝店买条金项链，但

第十章 暴 胀

为何在整个宇宙中，连一个单磁极都找不到呢？

古斯发明出暴胀理论，解释了单磁极密度在宇宙暴胀体积急速增大后，被冲淡到极致，在我们看得到的宇宙范围内，只能分到寥寥无几的数个单磁极，人类已不可能和单磁极相逢。

古斯以暴胀理论解决了单磁极的难题后，灵感在深夜两点时就接着排山倒海而来：同样的理论不是也可以用来解释宇宙的视界和平直两个现象吗？第二天清晨他以 9 分 32 秒破纪录的骑车速度，从家赶到办公室，急速拿出红色日记本，在首页上方写下"伟大发现"（spectacular realization），并用笔把这句话用双框圈住。1981 年，古斯发表了宇宙暴胀理论后，迅速成为一颗物理界的超级明星，各大学争聘，最后还是被他的母校抢回去。他的"伟大发现"日记本，目前在芝加哥博物馆展出。

古斯的暴胀理论，简单说来，就是大爆炸起动后的 10^{-35} 秒到 10^{-32} 秒之间，宇宙以伪真空能量（false vacuum energy，"伪"在此有"极短暂"之意）在 10^{-32} 秒内以超光速暴胀了至少 10^{23} 倍。伪真空能量就是前面提到的有如宇宙在 10^{-67} 秒时那类经由量子跳跃，可向高层无限攀升的真空振荡能量。

在极高的伪真空能量驱动下，宇宙空间以超过光速亿亿亿倍的速度迅速膨胀（作者注：爱因斯坦的狭义相对论，管不到宇宙空间膨胀这块地盘）。刚暴胀出来的宇宙可能平直到令人晕倒的地步。暴胀过后，伪真空能量耗尽，衰减到我们目前宇宙熟悉的温和低真空能量。这个低真空能量宇宙的相对密度可能会略偏离 1，但看起来，还是相当平直。

刚暴胀出来的宇宙相对密度向理想化 1 的数值靠近，理解起来并不困难。如果刚暴胀出来的宇宙相对密度小于 1，宇宙就如脱缰之马，后面没有足够的引力往回拉，向外膨胀速率就愈来愈快，直到散花。如果刚暴胀出来的宇宙相对密度大于 1，宇宙膨胀一下，就会被重力场拉回，变成死胎（stillborn）宇宙一个，将以大塌陷收场。所以，如果相对密度不是 1，膨

宇宙起源

胀或收缩的效果就会被放大，加速进行。

现在我们要问的就是，宇宙到目前已膨胀了 138 亿年，是一段不能算短的时间，那宇宙当初以什么大小的相对密度，开始走上膨胀或收缩的路，能一直撑了 138 亿年，还没散花，也没被重力场拉回去塌陷？答案应该很明显，刚暴胀出来的宇宙相对密度应接近理想化 1 的数值。以现在 138 亿年后的膨胀速度估计，最初的宇宙相对密度值在 1 的正负 0.00000000000000000000000000000000000000000000000000000000000001 之间，即 1 在小数点 61 个 0 后加或减个 1（$|\Omega-1| \approx 10^{-62}$）。

大爆炸的 10^{-35} 秒以前，整个宇宙体积只有质子一万亿分之一的大小，约 10^{-25} 厘米。光速在 10^{-35} 秒内，可覆盖 3 倍于 10^{-25} 厘米的距离。所以，当时的宇宙大小，光能轻易横渡，看到宇宙每个角落，所有的物质和能量皆能通过光能，亲密相连为一体，你就是我、我就是你。这比你中有我、我中有你还要厉害，你和我绝对存在于一种完全相同的超均匀环境。

超光速暴胀过程发生在 10^{-35} 秒至 10^{-32} 秒之间，物质和能量以相同的均匀性扩散出去，分布在一个至少为 1 米直径大小的宇宙空间。此时的光在 10^{-32} 秒内，只能覆盖 3×10^{-22} 厘米，比 1 米大小的宇宙小太多，再也无法像暴胀发生前那样，在宇宙内走透透。宇宙年龄大于 10^{-32} 秒后，虽然膨胀速度已小于光速，但宇宙中绝大部分区域，皆超出以光速能互相沟通的范围之内，形成了以后奇怪的宇宙微波超均匀视界现象。

所以，宇宙微波超均匀的视界问题，在宇宙年龄为一亿亿亿亿分之一秒时就已存在。换句话说，我们现在看到的超均匀宇宙微波，以暴胀理论解释，是大爆炸起动后一亿亿亿亿分之一秒时的产物。

宇宙超均匀的视界问题就如此轻易地迎刃而解。

原来宇宙中所有拿相同到万分之一度水的人，在大爆炸的 10^{-35} 秒以前，全部都挤在一个比一粒质子还小上万亿倍的空间，从同一个饮水机同时取水。取完水后，大家以超光速脱离现场，各奔东西。难怪全宇宙每个

第十章 暴 胀

人的水温都一样。

在暴胀起动后那段短暂的时间，可以说是创造我们宇宙最关键的时刻。和黄金蕴藏量一样丰富的单磁极，可能在宇宙温度为 10 万亿亿亿 K 时先行出现；强核力分离出来，单独存在；物质世界和反物质世界大规模地同归于尽，创造出高能量的光子，最终演化成现在无所不在的宇宙超均匀微波；侥幸的是，宇宙为物质世界留下了十亿分之一没被反物质世界摧毁的核子，最终演化成现在的宇宙和你和我的生命。而暗物质的形成，在时间上可能还更早一步。人类时间极限只能推回到 1 千亿亿亿亿亿分之一秒，即前文提到的普朗克时间 10^{-43} 秒。这些都是专家研究的课题，本书内文中也简单提过，在此仅能点到为止。

暴胀理论中有来自测不准原理的量子起伏预测，为宇宙微波植入不均匀胎记的原始种子。量子起伏发生在暴胀起动之后，在宇宙微波超均匀的完美形象中，植入了缺陷美的图形。

21 世纪初，第二代威尔金森微波各向异性探测器和"普朗克"卫星，精确测量到宇宙微波十万分之一的不均匀性，符合量子起伏预测，为暴胀理论提供了坚强的佐证。

以暴胀理论来解释宇宙的平直特性，更是容易。伪真空能在 10^{-32} 秒内将整个宇宙，从 10^{-25} 厘米大小，暴胀成至少到 1 米直径，即一千亿亿亿倍，速度也几乎达光速的一亿亿亿倍。而当时光能横渡的那一小丁点宇宙体积，在巨幅暴胀后，就显得极为平直了。就如手中握个小皮球，皮球的弧度清晰可见，但如果把这粒小皮球放大到和地球一样大，皮球表面的弧度就消失了，看到的都是平直一片。（作者注：暴胀前后的体积比，文献中从 10^{15} 到 10^{30} 甚或更大的都有。在此我们只要知道暴胀前后的体积比非常巨大即可。）

暴胀理论解释了我们观测到的宇宙微波超均匀和平直两大诡异现象，也经由量子起伏，提供了宇宙微波中不均匀胎记的原始种子。

暴胀理论也以伪真空能量，向宇宙注入了大爆炸的能量。伪真空能量

宇宙起源

在量子力学测不准原理的操盘下，获取了无限攀升的能量。在古斯的暴胀理论中，这个能量从宇宙过冷（supercool）的相变（phase transition）中释放。

从相变中获得能量，不难理解。比如在摄氏零度时，从液态水变成固态冰，每克的水要释放出 80 卡热量。能量的来源，是因为水分子在液态状况东跑西奔，静不下来，得有能量支持。水结成冰后，水分子被固定在一定位置，形成晶体，也就是发生相变，不需乱跑了，只得交出多余的能量。在有些条件下，比如水中杂质少，纯度高，水可被过冷到冰点下好多度，还不会结冰。但一旦在过冷状况下从水到冰发生相变，那每一克的水就会释放出比 80 卡更大的热量。这是因为在低温下，水分子在冰的晶体结构中被绑得更紧，能量更低，所需释放出的能量就更大。

宇宙在暴胀前，也储蓄了巨大的过冷能量。它所经过的第一个相变释放出的总能量，就好像引爆一颗整个宇宙大小般的氢弹。想想看，那是什么强度的能量？难怪它能推动整个宇宙以光速的一亿亿亿倍暴胀。

过冷和相变的概念的确有点难懂，但物理学家不用些生涩字眼，就好像显现不出他们的学问。其实，我们在这儿该直接问的是，请不要遮遮掩掩的，这个巨大的过冷能量是由哪里来的呀？

我们在第八章（平直）中的"宇宙原理"节，已经几乎回答这个问题了。我们知道的宇宙，它的总能量为零。换言之，宇宙由重力场中获取的动能和势能加起来，要产生一个观测中平直的宇宙，必须为零。这好像一个人从悬崖一跃而下，速度由零开始加速，悬崖越高，最终的速度越快。速度高，动能大。巨大的动能由哪来的？每个人都能回答，是由势能贡献出来的。动能和势能加在一起，在每一时刻都为零。动能为正能量，势能就是负能量。而势能负的程度，就和悬崖有多高成正比，即越高则最终经由坠落释放出的能量越大。其实，如果宇宙真的朝无穷小的方向缩回去，这个负的势能也会朝无穷负的方向接近。这个负能量库，理论上来讲，几乎取之不尽、用之不竭，是绝对的免费午餐，也就是储存在宇宙暴胀前巨大的过冷能量。

从观测到的数据，我们已知道，目前的宇宙有 138 亿年老、930 亿光年直径、每立方厘米 10^{-29} 克密度。如果这个宇宙也像人一样，跳下悬崖，往小的方向缩，即陨落，我们可以很容易计算出，当宇宙在形成后 10^{-35} 秒时，缩到 10^{-26} 厘米时，以当时 10 克的总质量，就能拥有恰当的"过冷"能量，暴胀和大爆炸出今天我们观测到的平直宇宙。

10^{-35} 秒、10^{-26} 厘米和 10 克，就是我们对宇宙要求的起始条件（initial condition）。当然，我们也要理解，暴胀是大爆炸中的大爆炸。

这个巨大的能量，驱动宇宙以超光速进行了极短暂的暴胀，还顺手带出了一片天外还有天外天几近无穷大的宇宙。

宇宙暴胀时释放出的超高能量，形成了重力波背景辐射（cosmic gravitational waves background radiation），像电磁微波一样，从开始就覆盖了整个宇宙，当然也包括我们的小宇宙在内。以理论估计，暴胀产生的重力波，时间早，覆盖的范围大，比凝聚后宇宙重力波的强度，可能弱上数十倍。弱归弱，以目前的科技力量倾囊而出，还是可以量得到。这类重力波可直接与宇宙电磁微波作用，产生特殊的电磁偏极化（polarization），即偏振现象，是人类和天外天宇宙沟通的最佳管道，也是"普朗克"卫星观测的主要任务（请参阅作者著《天外天》）。

2014 年 3 月 17 日，银河系外宇宙偏振背景图像 [Background Imaging of Cosmic Extragalactic Polarization（BICEP2）] 望远镜公布最新从南极洲取得的观测数据，显示可能侦测到暴胀时产生的重力波印记，惊动了全球媒体。媒体最常用的标题为"第一个宇宙暴胀的直接证据"（First Direct Evidence of Cosmic Inflation），置信度定位在 5 个标准误差（5σ），即 99.999943%。这类数据来自宇宙背景微波，受在宇宙形成后 10^{-35} 至 10^{-32} 秒间暴胀时激起的重力波作用，在 B 模（B-modes）上产生的原生（pri-

宇宙起源

mordial）偏振效应。宇宙星系形成后，因星系碰撞、黑洞形成、超新星爆炸、暗物质及一般物质的重力场透镜和宇宙星尘等对电磁微波的作用，也会产生所谓的后期 B 模偏振，它的数值比原生 B 模偏振要强上约 10 倍。在地面测

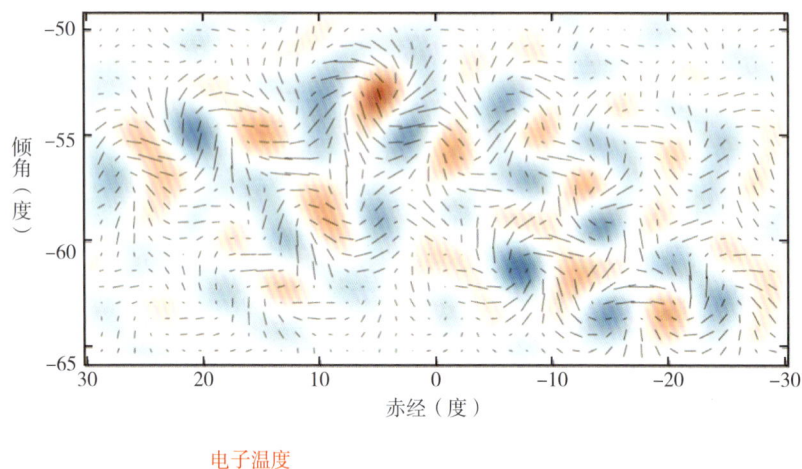

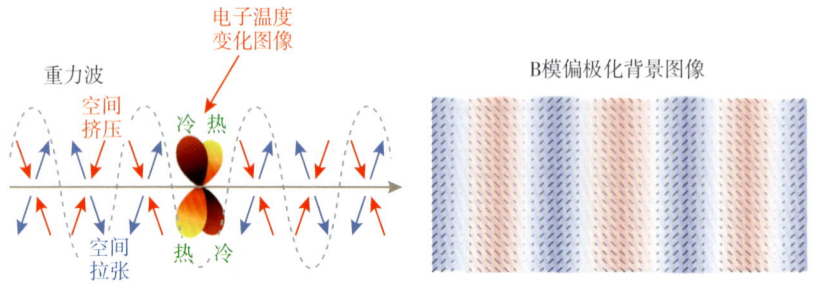

图 10-1　由"银河系外宇宙偏振背景图像"望远镜测量出的宇宙微波，受在宇宙形成后 10^{-35} ～ 10^{-32} 秒间暴胀时激起的重力波作用，在 B 模（B-modes）上产生的原生偏振图形。（A）红蓝是用来表示不同旋转方向的偏振效应，为宇宙暴胀时激起的重力波印记，138 亿年后，首次在人类文明舞台现形，波长已扩长到数十亿光年。（B）原生 B 模偏振主要来自宇宙 37.6 万年时的电子四极子（quadrupole），受暴胀重力波挤拉后，在宇宙电磁微波上留下的具有特殊方向的微弱温度变化。这类温度变化，是宇宙微波强度的一千万分之一（10^{-7}），即比第七章叙述的不均匀部分，还要弱上近 100 倍。

量原生 B 模偏振的精确度，也因大气干扰污染等因素不易量准，更需借助"普朗克"卫星和其他数据的佐证，才能获得最终的肯定。

但不是物理专业的读者们，马上就要问，什么是 B 模啊？

电磁波中含有电部分，也含有磁部分，电和磁合起来，就成了电磁波。电那部分，叫 E 模（E-modes），因电的英文写成 Electricity。磁那部分，本应叫 M 模，因为磁的英文写成 Magnetism。但 M 在物理中，被牛顿抢先用在质量（mass）上，所以后来才出现的电磁理论，就选用了 B 字。

宇宙在短促但强力的暴胀后，产生了两种波动。第一种是在爱因斯坦时空四度空间传播的重力波（gravitational waves）。计算这类重力波的数学比较复杂，属张量（tensor）范畴。第二种波动，由质量压缩而产生，经由密度变化传播（density waves），属标量（scalar）范畴，和第八章中叙述的原始等离子体中的声波振荡有关联。

在日常生活中，常接触到温度、压力等变化。温度和压力从四面八方而来，没有方向性，物理上称为标量。还有一些现象，是有方向性的，比如车行的速度，子弹的动量等。速度和动量，就被称为矢量（vector）。物理中，还有一种现象，被称为张量。张量一般在结晶的材料中，很容易测量到。比如用力以一个方向朝一大块立方形的单晶体敲打过去，所发出的震力，不是只沿着打击的单一方向传播，而是朝三度空间四面八方扩散而去。

属标量的密度变化波动，只对 E 模产生偏振效应，对 B 模无作用。但对属张量的重力波，对 B 模会产生旋向式（curl）的作用。BICEP2 的低温超导蜘蛛网式的辐射热测量仪（bolometer）量到的是 B 模的张量偏振对 E 模的标量偏振的比值，即媒体上热烈报道的 r=0.20 值。

因为暴胀时激起的重力波能在 B 模留下旋向式偏振印记，从地球望过去，印记的视张角可能超过 1 度以上。所以，如果能观测到宇宙微波中含有视张角 1 度以上的 B 模偏振，就等于观测到了暴胀重力波，也就证明暴胀的存在。

宇宙起源

　　如能以观测数据增加对暴胀理论的信心，那人类的科学文明，就又向前迈出一大步。（作者注：这组 BICEP2 数据，据"普朗克"卫星鉴定，证实受到宇宙星尘的污染，目前尚无法做到提供观测到暴胀重力波证据的地步。）

　　目前，有 9 种主要的宇宙起源理论，都能解释人类在宇宙中观测到的现象；论功行赏，并以辈分排名，暴胀理论应居首位。暴胀虽能解决宇宙电磁微波的超均匀、平直及不均匀等现象，但过去 30 多年来，苦无观测数据佐证。现在从对宇宙微波中 B 模偏振数据的收集，观测数据已渐露曙光。

　　所有宇宙起源理论，由超弦（superstring）和超膜（Brane）理论助推，已衍生出 50 多种版本。有的甚至开始以数学计算，在多远的宇宙距离外，应该有一个和你完全相同的翻版的"你"存在。这类平行宇宙（parallel universe）的计算，以量子力学为基础，可以说是科学的预测，但每个平行或多重宇宙（multiverse），因时空的隔离，和我们的宇宙几乎永无沟通管道，终究有如阴阳两界，可能得不到观测数据的支持。这类数学计算，比较确切的形容，应该是专家在象牙塔里玩的数学游戏。

　　回顾历史，人类科学文明的飞跃进展，也常是专家数学游戏的结果。

第十一章
何去何从

宇宙起源

过去 20 年，人类抽丝剥茧揭开宇宙微波超均匀的面具，看到了宇宙慈悲的不均匀凝聚种子和温柔的平直。

又以理论将宇宙起源的时间表，回推到暴胀起动前的 10^{-35} 秒，即大爆炸发动后的千亿亿亿亿分之一秒。再往前推，就顶到了普朗克的 10^{-43} 秒，这是当下人类知识的极限，暂时无法超越。

目前观测到的宇宙和大爆炸的理论相符合，尤其是暴胀那一部分，时间是如此短暂，前后仅用了一亿亿亿亿分之一秒就把我们宇宙的剧本写好，其余的只是照本登台演出，事先定好的主角配角轮番出场，一幕又一幕，从不冷场，至今已连续上演了 138 亿年。

138 亿年并不算短，但从暗能量 50 亿年前出场的力度来看，宇宙好像已决定加速膨胀。目前人类认为暗能量就是真空能量，所以宇宙体积愈大，一般物质和暗物质的平均密度相对减少，而真空总能量就愈大，往外推的力量也愈强，但外推到的物质平均密度也愈低，加速膨胀就往膨胀快的方向继续加速倾斜。这是一个无底的深渊，如再无别的力量出现，此后宇宙似乎就会一路加速膨胀下去，直到大散花，再大大散花，永恒停不下来。和 138 亿年比较起来，这段加速膨胀的时间将会是无穷大。

所以，我们现在 138 亿年的宇宙，应算是很年轻的，应还在婴儿时期，目前这个宇宙的寿命好像会到 1 万亿年。

我们的宇宙还留着一线希望，目前观测到的宇宙相对密度为 1.080，比临界密度的 1 略高，靠这点多余的物质，宇宙或许能刹住车，在膨胀加速到不可收拾前，逆转回流，把宇宙从崩盘散花的边缘拉回来。

如果宇宙真的一条道走到黑，永不回头，我们只好推论人类这次生存其间的宇宙，是一次性宇宙，只有一次生日，而这个宇宙会永远存在下去。

然而，一次性的宇宙带来的逻辑问题更大。它是怎么产生的呢？以前有宇宙吗？这次发生了什么大事，宇宙决定把它一次全玩完？

因为目前的宇宙要从大爆炸的暴胀开始，这是我们从观测数据得到的

第十一章 何去何从

结论，不正确的可能性很小。以我们对量子力学测不准原理的理解，宇宙的起爆点不可能是完美的零体积（即奇异点）；不从完美的零体积开始，暴胀开始时，那一小丁点体积内一定含有不均匀的结构，这个不均匀结构以后就会转移到所有几近无穷数目的天外天宇宙。而我们目前当值的宇宙，930亿光年大小，只是其中一个孤岛宇宙，也应是个有缺陷的宇宙（图11-1）。

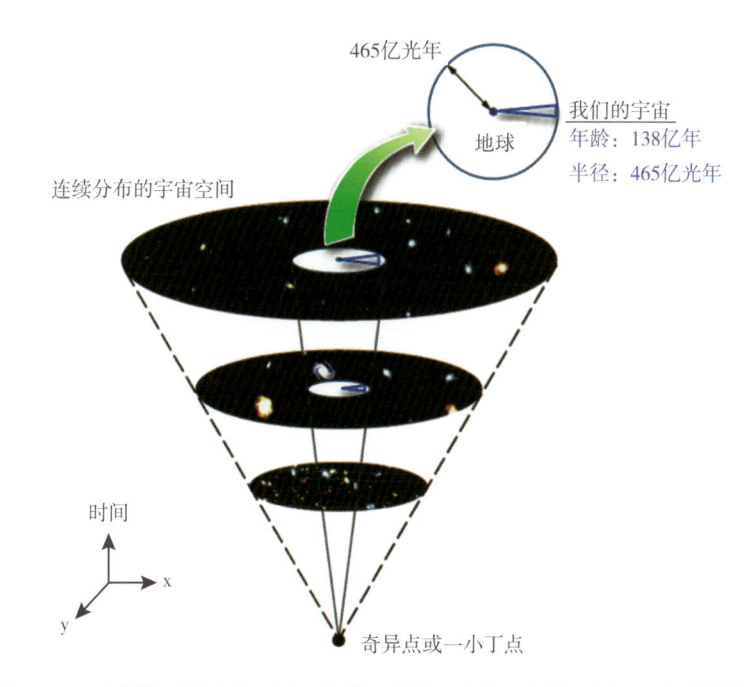

图 11-1 大爆炸后的宇宙，以平直几何膨胀出去的示意图。如起点体积为零，则为奇异点，否则体积为一小丁点。图中实线部分标出我们930亿光年大小的宇宙，虚线部分表示我们宇宙外几近无穷数目的天外天宇宙。（Credit: 吴育雅绘制）

有缺陷的宇宙力道可能不会那么强，不会一条道走到黑，永不回头。最合理的结局应是整个宇宙，膨胀了一阵子，比如5000亿年或1万亿年，就回头收缩，回到起点，然后再大爆炸，再暴胀，再膨胀千、万亿年，然

宇宙起源

后又回转收缩，周而复始，直到永远。

量子物理可以处理这样一个又大爆炸又收缩的循环宇宙。宇宙有无穷多个生日，每个生日的前一天，都无法通过体积无穷小的那一点，来和生日那天沟通。这一点小体积，尚达不到奇异点程度，因奇异点体积为零，为绝对完美，没有缺陷，量子力学不接受。这个极小体积内的物理，远远超出普朗克极限，已不在人类量子物理管辖范围之内。

人类所知的物理定律，在普朗克极限踢到铁板，停止运作。这个铁板标出的时间极限为 10^{-43} 秒，温度极限为 10^{32} K，长度极限为 10^{-33} 厘米等。

现在正火热发展中的超弦理论认为，宇宙起初可能以普朗克 10^{-33} 厘米大小开始膨胀。本书以宇宙观测数据为主轴依据，对超弦理论未加深究（参见表 11-1）。

表 11-1　中国科学院紫金山天文台陆埮院士讲解宇宙演化各阶段表格

温度（K）	能量（eV）	时间（秒）	时代	物理过程
10^{32}	10^{28}	10^{-43}	普朗克时代	
10^{28}	10^{24}	10^{-36}	大统一时代	
		$10^{-35,-32}$	暴胀阶段	暴胀过程
10^{15}	10^{11}	10^{-10}	电弱统一	
10^{13}	10^{9}	10^{-6}	强子时代	
10^{11}	10^{7}	10^{-2}	轻子时代	
10^{10}	10^{6}	1	中微子脱耦	中微子脱耦
5×10^{9}	5×10^{5}	5	电子对湮灭	电子对湮灭
10^{9}	10^{5}	3 分	核合成时代	轻核素生成
3×10^{3}	0.3	38 万年	复合时代	微波背景辐射
		2 亿年	第一代恒星生成	再电离
		4 亿年	星系；星系团	大尺度结构形成 开始加速膨胀
2.7	3×10^{-4}	138 亿年	现代	

第十一章 何去何从

在人类物理定律运作范围外的宇宙,尤其是处在几近生日零时间、几近零体积的宇宙,肯定仍然运作不息,只是人类对它的物理定律,目前相当无知,仍在以"超弦理论"摸索阶段。

虽然宇宙在起源零时的关键时刻,是处在一个我们完全无知的物理领域,但是我们对宇宙的"起始条件"有一定的要求。宇宙起源时的运作,一定得从特定数值的体积(即温度)、时间和质量出发,138亿年后,才能演化成当今我们能观测到的宇宙。宇宙电磁微波是超均匀的,但其中一定得包含约十万分之一的不均匀部分,才能引发后来星体的凝聚。这个十万分之一的不均匀部分,就是来自正确额度的起始条件,多了少了都不行,并且所有条件都得紧密挂钩,在正确的温度(即体积)和时间同步进行,温度高点低点,时间早点晚点,都不行。

宇宙起源的零时,在人类物理定律之外,其关键的起始条件最难理解,这些起始条件是怎么产生的?数值又怎能这么精确?

这些问题,人类尚无法以科学回答。目前没有科学答案,并不表示一定得请位高权重的上帝出马,为宇宙设下预备起的起始条件。

500年前,科学还在"地心"和"日心"两个理论中争辩;100年前,还不知道太阳和地球的年龄;50年前才知道生命基因的奥秘;10年前才确知宇宙的年龄。

科学知识的累积,步伐缓慢,循序渐进,一步一个脚印朝答案方向永恒前进,但从来不能一步登天,瞬间解决宇宙中所有的终极疑惑;因为科学本质是有多少证据,说多少话。

现在可以肯定的是,宇宙每次在生日零时通过几近零体积的一瞬间,就会把上次宇宙所有的结构讯息完全摧毁,只剩下能量蓄势待发,为下一个宇宙打拼。

也就是说,上一个宇宙的事,有如前世,今生当值的宇宙,接收不到它遗传下来的任何讯息。即使宇宙有前生、有来世,循环不息,但每次经

宇宙起源

由大爆炸产生的宇宙，都是彼此隔绝的宇宙，都是孤子前行的宇宙，都是孤儿的宇宙。阴阳不同界，生死两茫茫。

不论物理学家如何把宇宙全交给量子力学去管理，大爆炸的宇宙逃不掉，一定得有个生日。宇宙的生日，可以讨论到天花乱坠，论文一篇篇发表，但是仍然无法解答一个最关键、人类最想知道答案的问题，那就是，宇宙到底是怎么来的呀？

这也是一个目前以科学角度尚无法回答的问题。

但是科学家被逼到墙角时，怕啰嗦，常会用人类文明一句古老的口头禅当挡箭牌："只有上帝知道！"（Only God knows！）。宗教人士抓住这个弱点，马上高举双手，喊："我们早就说了，宇宙是上帝创造的！"宗教就这么又把宇宙抢回到上帝的手中。

但科学家的话还没说完，即使宇宙是权位高于量子力学的上帝创造的，上帝也只能在 138 亿年前某个短暂的瞬间创世。上帝如果发功早了一亿亿亿亿分之一秒钟，创造的就是上次宇宙的终场，与今世当值的宇宙无关。如果发功晚了一亿亿亿亿分之一秒钟，中微子和电磁波已启动，量子力学已经开始上班，没上帝的事了。

做上帝也真不自由，连创世的时间也被科学理论预订下来了。

后记
——神话国

本书以严谨的科学数据和逻辑解释了大爆炸后宇宙的每个诡异动作，但到目前为止，还是无法以科学来解答宇宙的最基本问题，那就是，宇宙本身到底是怎么来的呀？

科学家到现在还回答不了这个问题。

但人类的宗教几千年前就已经把答案放在那里，宗教不仅解决了宇宙本身到底是怎么来的迷惑，它还顺便提供了人类所有千古迷惑的答案，包括尚未出现的迷惑。一次搞定，通通解决。只要相信，不需研究，就有答案。

宗教中的上帝是超自然的，是神，科学定律管不着他。

前文"不均匀"章中，以科学逻辑叙述人类的确无法证明上帝的不存在。不能证明上帝不存在，他就可能存在，甚或他就存在。

世界上每个主要文化，都有创造宇宙的神话故事。

《旧约·创世纪》说，上帝第一天造出光、暗、昼、夜；第二天造出空气和水；第三天造出陆地、海洋、植物生命；第四天造出太阳、月球、星星；第五天造出水鸟、鱼类；第六天造出各类陆地动物和按神的形象所造出的总管万物的人类；第七天休息。

上帝从无到有，在六天之内，一气呵成，霸气十足，创造出宇宙、人类和人类在宇宙中所依赖生存的必需品。

中国盘古开天神话最早出现于三国吴人徐整著的《三五历纪》："天地混沌如鸡子，盘古生其中。万八千岁，天地开辟，阳清为天，阴浊为地。盘古

宇宙起源

在其中，一日九变。神于天，圣于地。天日高一丈，地日厚一丈，盘古日长一丈。如此万八千岁，天数极高，地数极深，盘古极长。故天去地九万里。"

盘古开天辟地后，呕心沥血，再贡献出血肉躯体的每一部分，变造出神州大地上的日月星辰、四极五岳、风云雷霆、田土草木、雨泽江河……

盘古自是相当满意，正想迈入天上的灵庙，去安享永生荣耀的时刻，一想，糟了，怎么把造人的事给忘了就收工了？

中国编的开天辟地神话在这个节骨眼上，总是令人迷惑。中国的天地，刚开始时，好像不需要人。

在文献中到处可见人们皆遥指《山海经》为女娲造人故事的来源，但我在《山海经》中前后寻找，《大荒西经》篇中的确叙述了女娲之肠及女娲和伏羲兄妹婚姻的故事，但女娲造人故事，杳然无踪。

女娲"搏土造人"的故事，最早可能出现于东汉应邵（约公元153—196）著的《风俗通》。所以，依故事入籍出现的前后次序，也有可能女娲造人在先，盘古开天在后。但以盘古名号出现年代和盘古壁图估计，盘古神话故事在商周时期就已广泛流传。

《风俗通》成书年代久远，原书二十三卷，现仅存十卷，而其中有关女娲造人神话，皆已失传。清卢文弨《群书拾补》中编有《风俗通逸文》，补有女娲造人神话，已是很近代的事了。宋《太平御览》，成书于宋太宗太平兴国8年12月，即公元983年，其第78卷中引叙了《风俗通》中女娲"搏土造人"的故事，似乎是目前能找到的最早的记载。

根据《太平御览》中引叙的《风俗通》说，"俗说天地开辟，未有人民。女娲搏黄土作人。剧务，力不暇供，乃引绳于絚泥中于举以为人。故富贵者黄土人也，贫贱凡庸者絚人也。"

女娲是个努力勤奋工作的女神，一直为炎黄子孙万年大业打拼。

在造人之前，她也先预留出六天，先后造出鸡、狗、羊、猪、牛和马等六种重要畜生。第七天，她逛到河边，也想比照《创世纪》中的剧目休息一

后记——神话国

天，但水面映出她美丽的身影，顿时使她倍觉凄艳，就好想造出一种跟自己相似的东西，于是抓起河边的黄土一捏，就成了小人。但小人一个个都得亲手捏造，太费时费力，她就找根鞭子，沾上泥浆一挥，小人就从鞭尖这条高速生产线一个个蹦了出来。造出的小人，用手捏的出身富贵，鞭抽出来的天生贫贱。

但这些小人，不久后竟然生老病死，逐渐凋谢。女娲一看，不行，这和原意不合，于是就创造了婚嫁制度，并且发明笙簧乐器，给适婚男女传情说爱之用，之后小人就繁殖不息。女娲面面都得顾到，够忙的了，就这样，她造就了往后13亿炎黄子孙、龙的传人。

女娲和《旧约·创世纪》中的上帝都点到了七天这个数字，七天的数字可能是巧合。女娲的搏土造人和圣经中的神造世人有没有互动关系，很难说清楚。苏雪林教授以《屈赋》为本，探讨中国文化和神话的来源，尽近半世纪之功，认为世界文化应起于同一源头。同一源头与否，在此无关紧要。重要的是中西文化都需要有超自然的神，来解决人类每天都得面对的无法解释的问题，包括21世纪人类的问题在内。

远古的人类有好多不懂的事情，小的如月食、日食、火山爆发、地震、海啸，大的如黑死病、瘟疫、洪水泛滥、彗星撞地球，不知得罪了哪路神明，遭此修理。

更想弄清楚的是人类从哪来的？夜空中那些闪烁诡异的星星到底是什么？大洋有尽头吗？人能飞上天吗？……无穷的问题，零答案。

但聪明的远古人类，很快就找到了答案。哦，原来我们之上还有力量无穷的神，他是全知全能的。是他，创造了我们，更是他，以大自然的愤怒，惩罚人类的罪行，也是他，给了我们安定和幸福的生活。

所以，超自然神的存在，解答了人类所有无法解答的问题。更重要的，他也能在我们受难之时，挺身而出，保佑我们。他，一步到位，为人类彻底解决了万古惑。

宇宙起源

21 世纪的人类，接着问：生命是怎么来的？外层空间文明世界存在吗？宇宙是怎么来的？

现代的上帝和神，还得继续为人类解惑。

不同文化中的神有着许多共同的特性，比如所有的神都有个在天上活动的空间，他们皆长生不死，永远享用尊荣富贵等，而他们所创造出来的世界，也是人类最需要的。

以人的思维考虑，开天辟地时所需要的第一件东西就是亮光，因为在黑暗中只能摸索，做不出大事。有了亮光后，就会想到活命呼吸所需的空气和口渴时要喝的水，然后就需要有居住的土地，和延续生命所需的植物和动物类食物。最后，累了，休息。

上帝以超自然的神力所做的每样事，竟然都是遵从人的意愿，为人类的福祉打拼，难怪他享用了人类至高的尊宠。

于是，就衍生出一个呼之欲出的逻辑：神是人创造出来的吗？

中文索引

1a 型超新星　76、135~138

3 分 46 秒　37、45、47、60、124、131、132

B 模　153~156

E 模　155

U-2　iii、16、83、84~87、89~93、96、98、148

X 粒子　71~73

二画

人马座　22、24、97

人本原理　146

三画

《三五历纪》　163

三角形火箭　63、64、95

土星火箭　62

大质量致密晕体　132

大质量弱作用粒子　133

大型强子对撞机　134

大统一理论　72

大崩坠　113

大散花　18、19、118、158

大爆炸　ii、vi、vii、x、xi、xii、5、6、11~15、17~20、22、26、28、29、37、42~47、55、59~61、67、71、72、74~76、101、112、117、131、132、134、138~141、145、146、148~151、153、158~160、162、163

大爆炸之父　14、44

上九　18、31

上帝粒子　134

《山海经》　164

广义相对论　7、10、26、34、107

女娲　164、165

马勒　76、117、118

马瑟　14、61、64~67、77、92、94、95、100、115

子弹状　130

四画

《天文物理期刊通讯》　43

天文单位　22、120

天关客星　136

不存在　6、60、82、83、85、139、

147、163

《太平御览》 164

太空实验室 62、93

日－地L2点 119

中微子 11、12、19、35、38、45、60、73、90、132、133、160、162

贝他 39

牛顿 2~4、6~8、10、14、16、28、34、105、108、132、155

化学元素起源 39

反X粒子 71~73

反物质世界 71~73、76、151

反恒星 71

介子 72

介电 42

分布均匀 104、130

《风俗通》 164

亢龙 18、31、37、59、73、97、118、128、139、142、144、145、147

亢龙有悔 18、37

以太 6、53、82、84、85、91

五画

正弦 88

古斯 iii、15、31、148、149、152

左舷 87

右舷 87

平行宇宙 156

平直 vii、x、xi、xii、7、17~20、34、46、77、101、103、104、107、108、111、113~115、118、124、125、128、135、142、144、145、147~149、151~153、156、158

卡皮察 43

卡西米尔效应 140

占星术 40、67

卢文弨《群书拾补》 164

卢卡斯数学讲座教授 28

《旧约·创世纪》 70、163、165

电子反中微子 73

电荷共轭 72

电磁力 130

只有上帝知道 162

四极 98

失踪物质 108

矢量 155

白矮星 108、135

主要研究员 61、94

半人马座比邻星 22、24

弗里德曼 34、107

加莫夫 39、44

皮布尔斯 42

对称 72、73、133

六画

共动坐标系统 24

中文索引

共振　146

共模信号抑制　79

再离子化　46

达尔文　51

死胎　149

迈克尔逊－莫雷实验　82

过冷　152、153

光子　5、6、11、19、25、36~38、45~47、50、51、53、54、56、59、60、74、108、112、113、131、138、151

因果　x、15、71、144

回声号　40

回旋棒　115

伟大发现　iii、148、149

华盛顿邮报　38

伪真空　19、149、151

伪真空能　149、151

《创世纪》　30、70、165

各向异性　13、18、80、115、123、151

多重宇宙　156

多普勒效应　10、83、84、92、96

刘易斯　59

宇宙电磁微波背景辐射　12、14

宇宙学　i、ii、40、67、85、144

宇宙背景探测器　14、61~64、67、77、79、92~97、100、111、114

宇宙常数　7、8、10、34、118

宇称　72

αβγ论文　39、40、44

"……好像看到上帝…"　100

红外线天文卫星　77

红移　10、44、83、135、138

赤霞珠葡萄酒　148

七画

声波振荡　19、45、112、113、120、122、147、155

劳伦斯柏克利实验室　62、84

里根　94

里斯　17、18、117、118

利马　90

"我们被端了！"　12

伽利略　3、4、15

余弦　88

希格斯玻色子　134

狄基　12、13、20、40、42、43、46、50、59、61、77、80、104、107、108、111、115、118、147

应邵（约153—196）　164

冷聚变　90

没有出生时地　44

张量　7、155

阿尔瓦雷茨　75、76、84

阿尔佛　vi、13、14、35、36、38~40、42~44、46、64、124、145

阿尔法　39

169

阿尔法磁谱仪　134、135

阿利安　63、95

《纽约时报》　13

八画

英国广播电台　44

奇异点　76、159、160

奋进号　94

欧伯斯　4

甚大望远镜　129

《易经》　18

《物理学报》　39

周遭环境都一样　104

单磁极　90、148、149、151

波马特　17、18、117、118

视界　31、144、149、150

视界（Horizon）症状　144

视差　105

九画

标准模式　133

标量　155

相变　152

威尔金森　12、13、18、40、80、115、123、151

威尔金森微波各向异性探测器　13、18、80、115、123、151

威尔逊　12~14、34、41、43

挑战者号　63、93、94

临界密度　17、18、106~108、110、111、114、118、122、142、147、158

昴宿星团望远镜　129

哈勃　10、13、34、62~64、93、105、106、108~110、122、129

哈勃常数　105、106、122

重力子　47

重力波　xii、47、123、153、155、156

重力透镜　109、110、125、129~131

重力探测器　7

重子数　72~74

狭义相对论　24、149

史瓦兹西齐德　7

施密特　17、18、117、118

差分微波辐射仪　77、79、85、87、89、92、114

美国天文学会　64

美国物理学会　100

类星体　23、82

兹维奇　108

测不准原理　11、19、54、55、76、101、138~141、151、152、159

神器　85

绕极太阳同步轨道　7、62

十画

载荷　93

"起立鼓掌" 65

起始条件 153、161

埃姆斯研究中心 84、85

莫非定律 81

真空起伏 139、141

真空能量 138~142、149、151、158

核合成 35~39、44、45、47、60、124、145、146、160

原生 153~155

顾逸东 iv

钱德拉 X 射线望远镜 129

钱德拉赛卡 135

造父变星 137

倾角 62、64、97、119

徐整 163

爱因斯坦 vii、5、6~8、10、24、26、34、46、55、59、74、82、104、109、112、118、149、155

被镇住了 66

弱核力 73、130、133、134

通用电器公司 40

球面调和函数 99、113、122

教皇本尼狄克 16 世 15

教皇保罗二世 15

十一画

勒麦特 34

黄金 81、148、151

虚粒子对 139

银河系外宇宙偏振背景图像 153

第一个宇宙暴胀的直接证据 153

偶极 88、98

盘古 163、164

旋向式 155

惯性坐标系 24

密度变化传播 155

维京人 87

十二画

超对称 133

超弦 156、160、161

超膜 156

彭齐亚斯 12~14、34、41~43

斯穆特 16、20、62、67、70~72、74~77、80、81、83~92、94~97、99~101、111、114、115、117、118、120、147、148

联合发射联盟 63

散射 53、54、96、111

紫外线灾变 58

最大的错误 10

《最初三分钟》 vi、124

量子化 59

量子起伏 11、20、45、50、55、101、111、112、142、151

"蛟龙夫人" 84

黑洞 7、44、50、54、55、89、107、108、130、132、154

鲁宾　108~110

普朗克　47、58、59、123、124、135、139、151、153、155、156、158、160

普朗克（Planck）温度　47

普朗克长度　47

普朗克时间　47、139、151

温伯格　vi、124

强力球彩票　146、147

强核力　73、130、133、146、151

十三画

蓝移　10、83

辐射热测量仪　155

暗物质　iii、vii、xi、xii、17、18、45~47、84、108~111、113、117、118、122~125、128~135、141、147、151、154、158

暗能量　vii、xi、17、18、20、84、117、118、122~125、128、135、138、141、142、147、158

跟踪与数据中继卫星　93

微调宇宙　145、146

鲍尔斯　84

十四画

静止的　vi、xi、2、3、8、10、34

碳沙文主义　146

精密科学　67、85

十五画

暴胀　ii、iii、xii、15、19、30、31、45、55、82、101、111、123、142、143、148~153、155、156、158~160

十六画

潘多拉星团　129~131

霍伊尔　44、45、145、146

霍金　15、16、28、101

穆尔威　88

激波　130

十九画

蟹状星云　136

英文索引

acoustic oscillation　112
Adam Riess, 1969—　17
Alan Guth, 1947—　15
Albert Einstein, 1879—1955　5
Alexander Friedmann, 1888—1925　34
Alpha Magnetic Spectrometer, AMS-02　134
Altitude　62
American Astronomical Society, AAS　64
American Physical Society　100
Ames Research Center, ARC　84
Anisotropy　13、115
Anthropic Principle　146
anti-stars　71
anti-world　71
Ariane　63
Arno Penzias, 1933—　12
Astrology　67
Astronomy Unit, AU　22
Astrophysical Journal Letters　43
B-modes　153
Background Imaging of Cosmic Extragalactic Polarization (BICEP2)　153
baryon number　72
Big Crunch　113
Big Rip　18
biggest blunder　10
Black Hole　44
blue shift　10
bolometer　155
Boomerang　115
Brane　156
Brian Schmidt, 1967—　17
British Broadcast corporation　44
Bullet　130
Cabernet Sauvignon　148
carbon chauvinism　146
Casimir Effect　140
Causality　15
Cepheid variable stars　137
Chandra X-ray Telescope　129
charge conjugation　72
Charles Darwin, 1809—1882　51
cold fusion　90
common mode rejection　79

comoving coordinate system　24

cosine　88

Cosmic Background Explorer,
　　COBE　14

Cosmological Constant　7

Cosmology　67

critical density　17

curl　155

dark energy　vii

dark matter　vii

David Wilkinson, 1935—2002　12、13

Delta　63

density waves　155

dielectric　42

Differential Microwave Radiometer,
　　DMR　77

Dipole　88

Doppler Effect　10

Dragon Lady　84

E-modes　155

Echo　52

Edwin Hubble, 1889—1953　10

electron antineutrino　73

Endeavour　94

Ether　6

false vacuum　19、149

false vacuum energy　149

Father of the Big Bang　14

fine-tuned universe　146

First Direct Evidence of Cosmic
　　Inflation　153

Frank Powers, 1929—1977　84

Fred Hoyle, 1915—2001　44

Fritz Zwicky, 1898—1974　108

Galileo Galilei1, 564—1642　3

General Electric Company　40

George Gamow, 1904—1968　39

George Smoot, 1945—　16

Georges Lemaitre, 1984—1966　34

Gilbert Lewis, 1875—1946　59

Gold　148

Grand Unification Thory, GUT　72

gravitational lens　109

gravitational waves　153、155

graviton　47

Gravity Probe B　7

Hans Bethe, 1906—2005　39

Heinrich Olbers 1758—1840　4

Higgs Boson　134

Holmdel Horn Antenna　40

Holy Grail　85

Homogeneous　104

Horizon　31

Hubble Constant　105

Inclination　62

inertial coordinate system　24

Inflation　15

InfraRed Astronomical Satellite,

英文索引

IRAS 77
initial condition 153
Isaac Newton, 1642—1727 2
Isotropic 104
it's like seeing God… 100
John Mather, 1946— 14
John Paul II, 1920—2005 15
Karl Schwarzschild, 1873—1916 7
Lafite Rothschild 148
Large Hadron Collider 134
Lawrence Berkeley Laboratories 62
Lima 90
Lucasian Professor of Mathematics 28
Luis Alvarez, 1911—1988 75
magnetic monopole 90
Massive Compact Halo Object, MACHO 132
Max Planck, 1858—1947 58
Meson 72
Michelson-Morley Experiement 82
missing mass 108
Mollweide 88
Mr. Murphy 81
Multiverse 156
Neutrinos 132
New York Times 13
no where, no when vi
nucleosynthesis 35

Only God knows 162
Overwhelmed 66
Pandora Cluster 129
Parallax 105
Parallel Universe 156
Parity 72
Payload 93
phase transition 152
Phillip Peebles, 1935— 40
Photon 11
Physical Review 39
Planck Spacecraft 123
Pope Benedict XVI, 1927— 15
Port 87
Power Ball Lottery 146
precise science 67
Principal Investigator, PI 94
Proxima Centauri 22
PSR B0531 21
Pyotr Kapitsa, 1894—1984 43
Quadrupole 98
quantized 59
quantum fluctuation 11
quasar 23
Ralph Alpher, 1921—2007 vi
red shift 10
reionization 46
resonance 146
Richard Muller, 1944— 76
Robert Dicke, 1916—1997 12

Robert Wilson, 1936— 12
Ronald Reagan, 1911—2004 94
Sagittarius 97
Saturn 62
Saul Perlmutter, 1959— 17
Scalar 155
Scattering 111
shock wave 130
sine 88
singularity 76
Skype 29
SN1054 136
SpaceLab, SL 93
spectacular realization 149
Spherical Harmonics 99
Standard Model 133
standing ovation, SO 65
starboard 87
static 2
Stephen Hawking, 1942— 15
Steven Weinberg, 1933— vi
still born 149
Strong interaction 73
Subaru Telescope 129
Subrahmanyan Chandrasekhar, 1910—1995 135
Sun Earth Lagrangian Point2, L2 119
Sun synchronous orbit 62
Supercool 152

Superstring 156
Supersymmetry 133
Symmetry 72、133
Tensor 155
The Big Bang 14
The Crab Nebula 136
The First Three Minutes vi
The God Particle 134
The Washington Post 38
Tracking and Data Relay Satellite, TRDS 93
triple-alpha process 145
Ultraviolet catastrophe 58
Uncertainty Principle 11
United Launch Alliance 63
vacuum energy 138、149
vacuum fluctuation 139
vector 155
Vera Rubin, 1928— 108
Very Large Telescope, VLT 129
Viking 87
virtual particle pairs 139
Weak interaction 73
Weakly Interacting Massive Particles, WIMPS 133
We've been scooped! 12
white dwarf star 135
Wilkinson Microwave Anisotropy Probe, WMAP 13